AF569632

do it yourself | Part 1

Gunther & Frederick Winkle

DIE IDEENWERKSTATT

Schritt-für-Schritt-Anleitungen

für den Scale-Ausbau

Mit wichtigem Grundwissen zu Materialien und Techniken

Impressum

Herausgeber: Modellsport Verlag GmbH, Schulstraße 12, 76532 Baden-Baden, www.modellsport.de
Redaktion: ROTOR-Magazin, redaktion@rotor-magazin.com
Grafik/Layout: Modellsport Verlag GmbH, Carina Neves Pereira
Autoren: Gunther und Frederick Winkle
Bezugspreis Inland: € 19,90
Druck: Druckhaus AJSp, www.ajsp.lt

ISBN 978-3-923142-92-7

Liebe Leserin, lieber Leser!

Das Anfertigen von Scale-Details gehört für uns zu den schönsten Arbeiten beim Bau eines vorbildähnlichen Modellhubschraubers oder Flugzeugs. In dieser Bauphase kann man sich nicht nur besonders intensiv mit dem großen Vorbild beschäftigen, sondern bei der anschließenden Umsetzung der vielen Details auch seiner Kreativität freien Lauf lassen – fast wie früher, in der guten alten Plastikmodellbauzeit, die sicher viele der heutigen Funktionsmodellbauer noch erlebt haben. Zudem verleihen selbst angefertigte Scale-Details jedem Modell auch einen ganz individuellen Charakter, durch den es sich später von der Masse abhebt.

Ein Scale-Modell sollte aber nicht nur so aussehen wie sein großes Vorbild, sondern möglichst auch die selben Funktionen aufweisen. So lassen sich vorbildgetreue Flugmodelle beispielsweise durch den Einbau einer funktionsfähigen Beleuchtungsanlage noch einmal ganz erheblich aufwerten. Eine weitere interessante Option sind funktionierende Cockpittüren, die beim Öffnen den Blick auf ein selbstgebautes Instrumentenbrett freigeben oder auch einen schnellen Akkuwechsel ermöglichen.

In unserem Buch zeigen wir daher nicht nur, wie man interessante Details selber anfertigen kann, sondern auch wie sich Sonderfunktionen mit relativ einfachen Mitteln realisieren lassen. Vorwissen ist hierzu nicht unbedingt erforderlich, aber etwas handwerkliches Geschick sollte vorhanden sein. Alles andere wird anhand konkreter Beispiele aus unserer eigenen Modellbauwerkstatt Schritt-für-Schritt im Detail erklärt und mit vielen Tipps und Tricks aus der Praxis abgerundet.

Gunther und Frederick Winkle

BASISWISSEN

WORKSHOP

DIE IDEENWERKSTATT
BASISWISSEN

Tipps und Tricks für die Modellbau-Werkstatt

Kleben von Metallen

Vor knapp 70 Jahren entwickelte die Firma Sikorsky die ersten Metallrotorblätter für Hubschrauber und bereits Ende der 1950er Jahre entstanden spezielle Metallkleber, die bei der Produktion dieser Rotorblätter eingesetzt wurden. Auch in unseren Modellhubschraubern gibt es interessante Anwendungsbereiche für spezielle Metallkleber. Zum einen ist dies das Einkleben von Buchsen oder Lagern in Metallgehäuse und zum andern das Sichern von Schraubverbindungen; weitere interessante Einsatzmöglichkeiten bieten sogenannte »Flüssigmetalle« auf Epoxy-Basis. Wir stellen die unterschiedlichen Einsatzgebiete der Kleber und Flüssigmetalle vor.

Schraubensicherung

Ungesicherte Schraubenverbindungen können sich nach einer gewissen Zeit lockern oder sogar selbsttätig losdrehen. Zum Lockern einer Schraubverbindung kann es beispielsweise durch das Setzen des Werkstoffs kommen. Dabei glätten sich die zunächst rauen Oberflächen von Muttern oder Unterlegscheiben unter dem Druck der Vorspannkraft der Schraubverbindung. Andere Ursachen für das Lockern sind Überbeanspruchungen, die zur Dehnung von Schraubenschäften führen, oder auch starke Temperaturschwankungen.

Zum selbsttätigen Losdrehen einer Schraubenverbindung kommt es meist infolge von Stoß- und Vibrationsbelastungen. Letztere sind ja bekanntlich ganz typisch für Modellhubschrauber und erfordern zwingend Maßnahmen zur Schraubensicherung. Hier kommen dann die eingangs erwähnten Metallkleber als chemische Schraubensicherung zum Einsatz.

Diese flüssigen Einkomponentenkleber – wie beispielsweise Loctite 243 oder UHU Schraubenfest – werden auf das Gewinde aufgetragen und härten nach dem Festschrauben unter Luftabschluss aus. Dabei stellen die Schraubensicherungskleber einen Stoffschluss her, indem sie sich in den Rautiefen der Gewindeoberfläche festsetzen und dadurch Bewegungen im Gewinde wirksam verhindern.

Das Aushärten unter Luftabschluss (sog. anaerobes Aushärten) macht es erforderlich, dass sich immer ge-

1 **Vor dem Kleben müssen alle Bauteile gründlich entfettet werden. Hierfür eignet sich beispielsweise Aceton.**

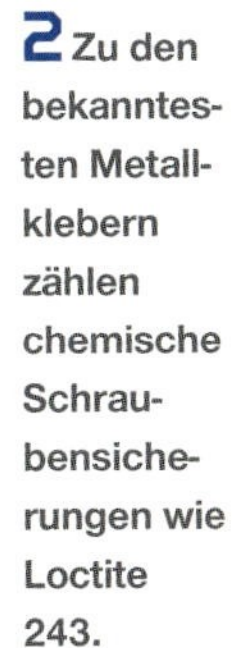

2 **Zu den bekanntesten Metallklebern zählen chemische Schraubensicherungen wie Loctite 243.**

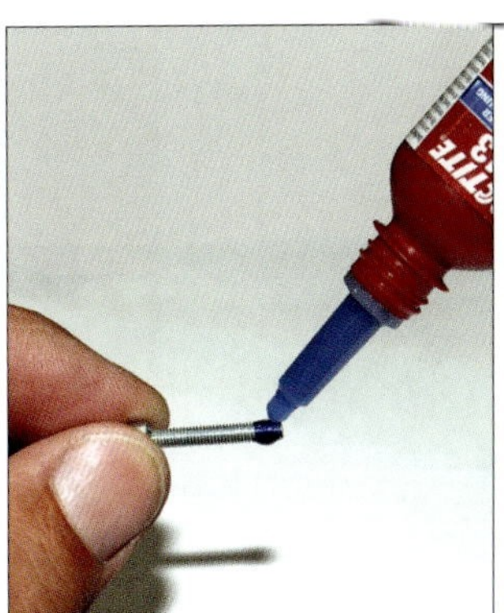

3 **Der Schraubensicherungskleber wird auf das Gewinde aufgetragen und härtet nach dem Festschrauben unter Luftabschluss aus.**

4 **Zum Einkleben von Buchsen, Freiläufen oder Kugellagern in Metallgehäuse ist der Metallkleber Loctite 648 bestens geeignet.**

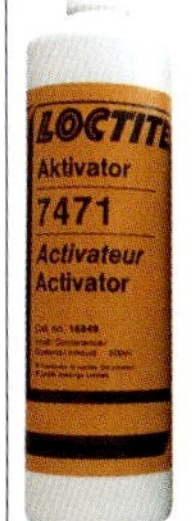

5 **Beim Aushärten der Klebeverbindung wirken die Metalloberflächen von Bauteilen aus Stahl oder Messing als Katalysator; eine Ausnahme bildet hier Aluminium. Daher wird zum Verkleben zweier Aluminiumteile zusätzlich ein flüssiger Aktivator wie Loctite 7471 benötigt.**

6 **Vor dem Verkleben müssen die Oberflächen gründlich entfettet werden. Hierfür sind beispielsweise Küchentücher geeignet, die zuvor in Aceton getaucht werden. Da Aceton sehr aggressiv ist, sollten dabei immer Handschuhe getragen werden!**

»Selbstverständlich müssen die Gewinde vor dem Auftragen eines Schraubensicherungsklebers gereinigt und vor allem sorgfältig entfettet werden.«

BEZUGS-QUELLEN

Loctite-Produkte
- Conrad Electronic, www.conrad.de

Flüssigmetall
- Kempf Klebstoffprodukte, www.kempf-klebstoffprodukte.de

nügend Luft im Vorratsfläschchen befindet. Flüssige Schraubensicherungskleber dürfen daher keinesfalls randvoll in andere Gefäße umgefüllt werden.

Selbstverständlich müssen die Gewinde vor dem Auftragen eines Schraubensicherungsklebers gereinigt und vor allem sorgfältig entfettet werden. Hierfür stehen spezielle Reinigungsmittel zur Verfügung. Alternativ dazu kann man aber auch das preiswerte Lösungsmittel Aceton oder einen Silikonentferner verwenden.

Das Hauptunterscheidungsmerkmal flüssiger Schraubensicherungen ist die spätere Lösbarkeit der Schraubverbindungen. Hierbei wird grob in »einfache Demontage«, »mit normalem Werkzeug wieder lösbar« und »hochfest« unterschieden. Hochfest gesicherte Schraubverbindungen können später nur noch durch Erwärmung auf mehr als 170 Grad Celsius gelöst werden, da sich bei dieser Temperatur der Schraubensicherungskleber zersetzt. Für die meisten Anwendungen am Modellhubschrauber dürfte jedoch die mittlere Festigkeit genügen.

Lagereinbau und weitere Anwendungen

Zur Befestigung von Buchsen, Freiläufen oder Kugellagern in Metallgehäusen sind die Spezialkleber Loctite 603 oder Loctite 648 bestens geeignet. Letzterer ist sogar bis 175 Grad Celsius temperaturbeständig und kann daher auch für thermisch belastete Teile eingesetzt werden. Beide genannten Kleber sind ausschließlich für Metalle geeignet und an Kunststoffteilen nicht anwendbar.

Typische Anwendungsmöglichkeiten am Modellhubschrauber sind das Einkleben von Kugellagern in Alula-

7 **Nach dem Entfetten wird der Metallkleber auf die Komponenten aufgetragen. Bei den hier abgebildeten Stahl- und Messingkomponenten wird kein Aktivator benötigt.**

8 **Beim Zusammenfügen der Bauteile sollten diese gedreht werden, damit sich der Kleber gleichmäßig im Klebespalt verteilen kann.**

9 **Die Klebeverbindung wird innerhalb weniger Minuten handfest, darf aber noch nicht belastet werde. Mit einem Heißluftgebläse kann die Aushärtung deutlich beschleunigt werden.**

gerböcke oder Metalltaumelscheiben sowie das sichere Befestigen von Buchsen oder Hülsenfreiläufen in den Metallnaben von Getrieberädern. Eine wichtige Voraussetzung zum Verkleben all dieser Teile ist das Vorhandensein eines Klebespalts. Es darf sich also nicht um Presspassungen handeln, da hier der Kleber beim Fügen der Teile wieder herausgedrückt würde, sondern die Komponenten müssen von Hand steckbar sein.

Obwohl Loctite 603 auch geringe ölige Verschmutzungen toleriert und damit sogar das Kleben von ölimprägnierten gesinterten Lagerbuchsen ermöglicht, sollten die Bauteile vor dem Verkleben gründlich entfettet werden. Wie beim Schraubensichern kann man hierzu Aceton oder Silikonentferner verwenden. Anschließend wird der Kleber auf beide Fügeflächen aufgetragen und die Teile beim Fügen gegeneinander verdreht; dies sichert eine optimale Verteilung des Klebers im Klebespalt.

Beim Einkleben von Kugellagern muss sorgfältig darauf geachtet werden, dass kein Kleber ins Lager eindringt, da es hierdurch unbrauchbar werden könnte. Um ganz sicher zu gehen, kann man die Deckscheiben des Lagerkäfigs vor der Montage etwas einfetten, wodurch das unerwünschte Eindringen von Kleber in den meisten Fällen verhindert wird. Selbstverständlich müssen die Klebeflächen dabei aber fettfrei bleiben!

Sobald der Metallkleber nach dem Fügen vom Luftsauerstoff abgeschlossen ist, erfolgt die Aushärtung meist recht schnell. Bereits nach zehn Minuten ist die Klebeverbindung handfest, darf aber noch nicht belastet werde. Die Endfestigkeit ist bei Zimmertemperatur nach rund zwölf Stunden erreicht. Wenn die Möglichkeit besteht, die Klebeverbindung mit einem Heißluftgebläse vorsichtig auf rund 50 bis 60 Grad Celsius zu erwärmen, kann die Aushärtung deutlich beschleunigt werden.

10 **Ein weiteres Anwendungsbeispiel: Hier wurde eine Messingbuchse als Anschlag auf eine Welle geklebt.**

Der Aushärtevorgang wird durch den Kontakt des Metallklebers mit den Metalloberflächen der Bauteile initiiert, da diese als Katalysator wirken. Besonders aktiv sind hierbei die Materialien Bronze, Kupfer, Messing und Stahl; Aluminium wirkt dagegen kaum als Katalysator. Aus diesem Grund sollte beim Verkleben von zwei Aluminiumteilen zusätzlich ein flüssiger Aktivator – wie beispielsweise Loctite 7471 – eingesetzt werden.

Reparieren mit Flüssigmetall

Metallgefüllte Epoxid-Klebstoffe – auch als Flüssigmetalle bezeichnet – werden in der Industrie bei Beschädigungen oder Verschleiß an Metallgehäusen eingesetzt. Auf diese Weise lassen sich beschädigte Maschinen oder Anlagen dauerhaft reparieren. Nach dem Aushärten des Flüssigmetalls sind Bohren und Gewindeschneiden oder andere mechanische Bearbeitungen möglich.

Bei unseren Modellhubschraubern ermöglichen Flüssigmetalle beispielsweise die schnelle Reparatur von

11 **Das Einkleben von Kugellagern in Alukomponenten, wie bei den hier gezeigten Lagerplatten einer Eigenbaumechanik, gehört zu den typischen Anwendungen des Metallklebens im Modellhubschrauber.**

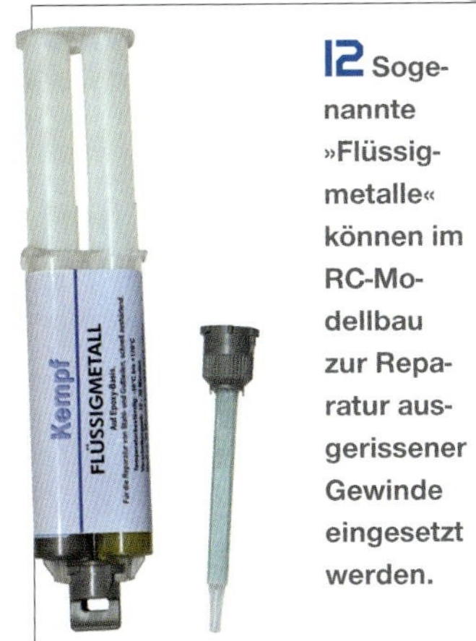

12 **Sogenannte »Flüssigmetalle« können im RC-Modellbau zur Reparatur ausgerissener Gewinde eingesetzt werden.**

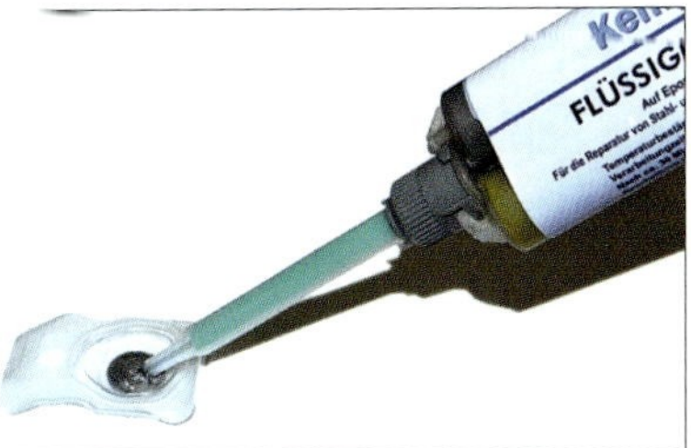

13 **Die Mischung der beiden Komponenten erfolgt mittels einer speziellen Mischdüse. Da das Flüssigmetall auch in der Düse aushärtet, kann diese nur einmal verwendet werden.**

ausgebrochenen Gewinden in Metall- oder auch Kunststoffbauteilen, wobei diese oftmals nicht einmal ausgebaut werden müssen. Darüber hinaus lassen sich auch Fehlbohrungen bei Umbauten korrigieren.

Das Gebinde besteht aus zwei Komponenten, nämlich dem Metallharz und dem zugehörigen Härter. Beiden Komponenten werden in einem bestimmten Mischungsverhältnis gut vermischt. In den meisten Fällen werden Flüssigmetalle in Doppelspritzen mit aufsetzbaren Mischdüsen geliefert, die dann automatisch für die richtige Dosierung sorgen.

Das fertiggemischte Flüssigmetall ist zähflüssig und daher auch sehr gut zum Verschließen von Rissen und kleinen Löchern geeignet. Das Ausbessern größerer Ausbrüche oder das Nachformen von Konturen ist dagegen kaum möglich, da die Masse zu lange braucht, bis sie eine zähe Konsistenz erreicht hat und vorher zerfließt.

Das Auftragen des Flüssigmetalls auf die Reparaturstelle erfolgt am besten mit einem Holzspatel. Ein saubere Oberfläche erzielt man am einfachsten, indem man die Reparaturstelle nach dem Aushärten mechanisch nachbearbeitet. Wie erwartet, ist das Schleifen, Feilen und Bohren von ausgehärtetem Flüssigmetall problemlos möglich.

Einzige Ausnahme ist das Gewindeschneiden: Hier ist etwas Fingerspitzengefühl erforderlich, um ein wirklich sauberes Gewinde zu erhalten, da das ausgehärtete Flüssigmetall in der Praxis doch nicht ganz so formstabil und belastbar ist wie echtes Metall. Hochbelastete Bauteile, wie Blattlagerwellen oder sonstige Rotorkopfkomponenten, sollten daher (ohnehin) nicht repariert werden. In allen übrigen Fällen, wie dem Ausbessern von Gewinden an Lagerböcken, Motoren- und Getriebegehäusen sowie Chassis oder Kufenlandegestellen, ist der Einsatz von Flüssigmetall aber durchaus zu empfehlen. •

14 **Das fertig gemischte Flüssigmetall kann beispielsweise mit einem Spatel auf die Schadstelle aufgetragen werden.**

15 **Nach dem Aushärten ist eine mechanische Bearbeitung mit normalen Metallwerkzeugen möglich.**

16 **Hier wurde ein ausgerissenes Innengewinde an einem Lagerbock mit Flüssigmetall ausgefüllt und ein neues Kernloch gebohrt.**

Kleben mit **Epoxidharzen**

Im vorangegangenen Beitrag haben wir uns mit dem Kleben von Metallen beschäftigt, wobei ausschließlich spezielle Metallkleber zum Einsatz kommen. Im vorliegenden Workshop geht es dagegen um das Kleben mit Epoxidharzen, die wesentlich universeller einsetzbar sind.

Epoxidharzkleber sind heute aus dem Flugmodellbau nicht mehr wegzudenken. Im Bereich Modellhubschrauber sind sie besonders im Scale-Modellbau interessant, wo ja bekanntlich unterschiedlichste Materialien wie Kunststoff, Holz, GfK und Metall zum Einsatz kommen. Solange es sich um reine Scale-Anbauteile handelt, könnte man diese auch mit CA-Kleber (Sekundenkleber) und einem entsprechenden Aktivator anheften. Wenn es jedoch um »tragende« Teile wie Rumpfspanten oder Mechanik-Befestigungen in Rümpfen geht, muss zwingend ein Epoxidharzkleber zum Einsatz kommen.

Sortenvielfalt

Epoxidharzkleber gibt es in zahlreichen Sorten, die sich hauptsächlich in ihren Härtezeiten unterscheiden. Diese reichen von wenigen Minuten bis hin zu mehreren Stunden. Grundsätzlich gilt hier die Regel, je länger die Härtezeit, desto belastbarer die spätere Klebeverbindung. Unter diesem Aspekt sind die 5-Minuten-Epoxy-Sorten eher für Notreparaturen auf dem Flugfeld geeignet, während man in der Werkstatt beim Fügen von Strukturelementen möglichst langsam härtende Epoxidharzkleber verwenden sollte.

Der Grund für die schlechteren Klebeeigenschaften schnell härtender Epoxidharzkleber liegt in den Zusatzstoffen, die zur Beschleunigung des Härtens beigemischt sind. Diese Zusatzstoffe lassen den Kleber zwar schneller aushärten, machen ihn aber auch anfällig für mechanische Belastungen, insbesondere Vibrationen sowie UV-Strahlung beziehungsweise Sonnenlicht.

Für dauerhaft belastbare Klebeverbindungen kommen daher nur langsam härtende Sorten wie beispielsweise UHU Endfest oder auch Loctite 9461 in Frage. Diese Kleber sind hervorragend dazu geeignet, unterschiedliche Werkstoffe dauerhaft miteinander zu verbinden. Im Modellhubschrauber lassen sich damit nicht nur Holzstrukturen in Rümpfe einkleben, sondern beispielsweise auch Kugellager dauerhaft in Kunststoffgehäusen befestigen. Ein weiteres Anwendungsbeispiel ist das Ein-

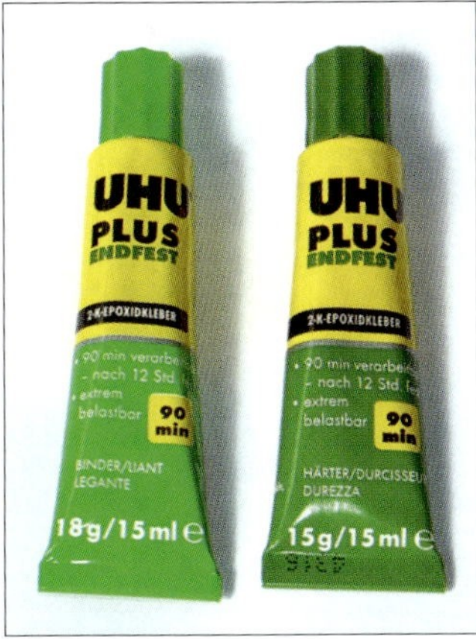

1 Epoxidharzkleber bestehen immer aus zwei Komponenten, die meistens im Verhältnis 1:1 gemischt werden.

kleben einer Gewindestange in ein Karbonrohr beim Bauen oder Anpassen einer Heckrotorsteuerstange.

Klebetechnik

Vorsichtshalber sollten beim Arbeiten mit Epoxidharzen und -klebern immer Schutzbrille und Schutzhandschuhe getragen werden. Nach den üblichen Vorbereitungen der Klebeflächen durch Anschleifen und Entfetten, kann der Epoxidharzkleber dann im vorgeschriebenen Mischungsverhältnis angerührt werden. Bei Verwendung von UHU Endfest kann man den fertig gemischten Kleber auch vorsichtig mit einem Heißluftgebläse erwärmen, damit er bei der anschließenden Verarbeitung dünnflüssiger wird und somit besser in Spalten eindringen kann. Gleichzeitig wird durch das Erwärmen die Härtungszeit deutlich reduziert und sogar die spätere Endfestigkeit noch weiter erhöht.

2 Einige Epoxidharzkleber werden in einer Doppelkammerspritze mit Mischdüse geliefert. Beim Herausdrücken werden die beiden Komponenten automatisch miteinander vermischt.

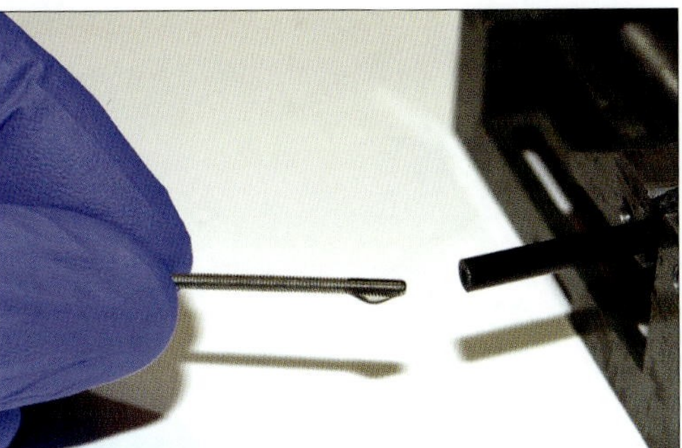

3 Ein typischer Anwendungsfall ist das Einkleben einer Gewindestange in ein Karbonrohr. Beispielsweise beim Anfertigen einer Heckrotorsteuerstange.

4 Beim Einsetzen der Gewindestange ist es sehr wichtig, dass der Epoxidharzkleber nicht abgestreift wird.

5 Hier hilft vorsichtiges Erwärmen mit einem Heißluftgebläse. Die Wärme macht den Kleber dünnflüssig, so dass er aufgrund der Kapillarwirkung von selbst in die Klebestelle hineinfließt.

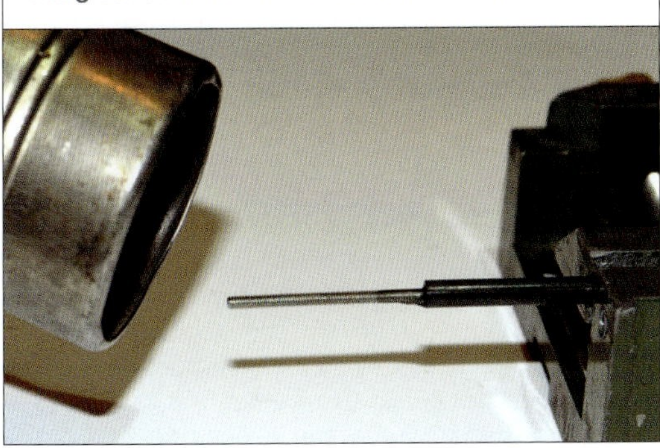

6 Grundsätzlich müssen die Klebestellen fettfrei sein und sollten zusätzlich gut angeschliffen werden. Beim Schleifen von GfK-Oberflächen sollte grobes Schleifpapier mit Körnung 80 verwendet werden.

7 **Die spätere Aushärtung kann wesentlich beschleunigt werden, wenn der Epoxidharzkleber bereits beim Anrühren vorsichtig erwärmt wird. Der Kleber kann dabei fast so dünnflüssig wie Wasser werden.**

8 **Der zuvor erwärmte Epoxidharzkleber dringt dank seiner verringerten Viskosität ausgezeichnet in dünne Spalte und teilweise sogar ins Holz ein.**

9 **Zur weiteren Verstärkung der Klebeverbindung können nachträglich noch Hohlkehlen aus verdicktem Epoxidharzkleber angebracht werden.**

BEZUGSQUELLEN

UHU Endfest
- Fachhandel, Baumarkt

Loctite 9461
- Kistenpfennig AG, www.kistenpfennig.de

Füllstoffe
- bacuplast Faserverbundtechnik, www.bacuplast.de
- R&G Faserverbundwerkstoffe, www.r-g.de

Dem Beiblatt von UHU Endfest ist zu entnehmen, dass man besonders hohe Klebefestigkeiten erzielen kann, wenn die Aushärtung bei Temperaturen zwischen 70°C und 180°C erfolgt. Die Härtezeit reduziert sich dabei von zwölf Stunden bei Zimmertemperatur auf 45 Minuten bei 70°C beziehungsweise auf fünf Minuten ab 150°C.

In der Praxis kann man UHU Endfest beispielsweise in einem kleinen Kunststoffbecher solange mit dem Heißluftgebläse erwärmen, bis der Kleber fast so dünnflüssig wie Wasser wird. Beim eigentlichen Kleben muss dann die Saugfähigkeit der Klebeflächen berücksichtig werden. Besonders saugfähige Materialien wie beispielsweise Sperrholz, können den Epoxidharzkleber nahezu vollständig aufsaugen, so dass die Klebefläche nach kurzer Zeit »trocken« wird. In solchen Fällen sollte einfach etwas mehr Kleber aufgetragen werden.

Verstärkung mit Hohlkehlen

Zur weiteren Verstärkung von Klebestellen können entlang der Fügestellen zusätzlich noch Hohlkehlen aus verdicktem Epoxidharzkleber angeformt werden. Diese Technik bietet sich vor allem beim Einkleben von Holzspanten in GfK-Rümpfe oder dem Aufbau von hölzernen Strukturelementen an.

Das Verdicken des Klebers ist erforderlich, damit die frisch aufgetragenen Hohlkehlen nicht zerfließen bevor die Härtung einsetzt. Als Füllstoffe kommen hierbei Talkumpulver (Magnesiumsilikat) oder auch Baumwollflocken in Frage. Beide Füllstoffe erhöhen zudem die spätere Festigkeit des gehärteten Klebers. Auf ähnliche Weise kann man aus Epoxidharzkleber oder Laminier-

10 Zum Verdicken von Epoxidharzklebern (oder auch Laminierharzen) kann beispielsweise Talkumpulver hineingerührt werden.

11 Je nach Füllstoffzugabe kann der verdickte Epoxidharzkleber dickflüssig wie Honig angerührt werden.

harz auch universell einsetzbare Füll- und Spachtelmassen herstellen. Hierbei sollten als Füllstoff sogenannte »Microballons« (Mikroglashohlkugeln) eingesetzt werden, die nach dem Härten eine sehr leichte und gut schleifbare Masse ergeben.

Grundsätzlich erfolgt das Beimischen des Füllstoffs immer nachdem die beiden Komponenten des Epoxidharzkleber vermischt wurden. Zum Auftragen des verdickten Klebers als Hohlkehle verwendet man am besten ein abgerundetes Spachtelbrettchen, dessen Radius ungefähr das Dreifache der Materialstärke des zu verklebenden Spants betragen sollte. Mit etwas Übung gelingen auf diese Weise schnell saubere Hohlkehlen, die nach dem Härten zur wesentlichen Verstärkung hochbelasteter Klebestellen beitragen. •

12 Der verdickte Kleber wird mit einem Holzspatel (oder Kafeerührstäbchen) auf das Werkstück aufgetragen.

13 Das Anformen der Hohlkehle gelingt am besten mit einem stark abgerundeten Holzspatel. Der Radius der Hohlkehle soll dabei rund das Dreifache der Materialstärke betragen.

14 Abschließend wird der überschüssige Kleber entfernt. Fertig!

Festsitzende **Schrauben lösen**

Abgenutzte Schraubenköpfe und abgerissene Schrauben sind ein Problem, mit dem sich jeder Funktionsmodellbauer irgendwann einmal auseinander setzen muss. Oft ist das Material der Schraube zu weich oder sie wurde einfach zu fest angezogen. Wie man solche Situationen dennoch meistern kann, zeigen wir hier.

Die richtige Vorgehensweise beim Lösen einer festsitzenden Schraube ist immer von der jeweiligen Situation abhängig. Beginnen wir mit dem einfachsten Fall, nämlich der festsitzenden Schraube mit intaktem Schraubenkopf.

Falls lediglich das Gewinde korrodiert ist, hilft meist der Einsatz von Kriechöl, wie zum Beispiel WD-40. Damit wird die Schraube gut »eingeweicht« und nach einer Einwirkzeit von bis zu 24 Stunden lässt sich die zuvor festsitzende Schraube oft mit normalem Werkzeug lösen.

Falls sich die Schraube trotzdem nicht lösen lässt, helfen gelegentlich auch leichte Hammerschläge. Hierbei empfiehlt es sich jedoch, einen passenden Durchschläger (oder notfalls ein Stück Rundstahl) am Schraubenkopf anzusetzen, anstatt mit dem Hammer direkt auf die Schraube zu schlagen. Da Rost wesentlich spröder als Stahl ist, kann auf diese Weise die Rostschicht aufgebrochen werden.

1 Im einfachsten Fall genügt der Einsatz von Kriechöl (z.B. WD-40), um eine festsitzende Schraube zu lösen.

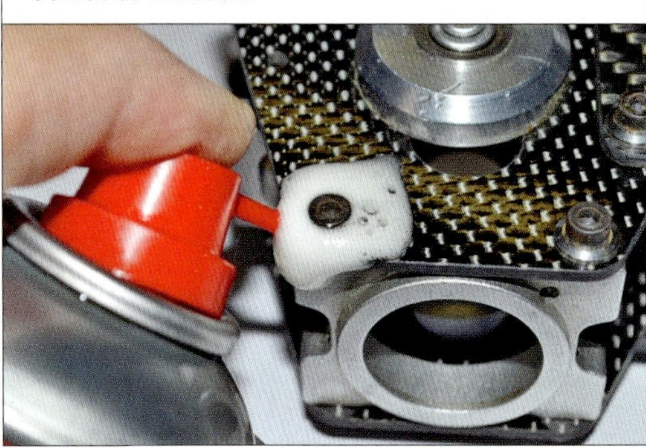

2 Falls sich die Schraube nicht lösen lässt, helfen gelegentlich leichte Hammerschläge. Man sollte dabei aber nicht direkt auf den Schraubenkopf schlagen, sondern einen Durchschläger benutzen.

3 Zum Lösen von Schraubensicherungslack genügt oft das Erwärmen des Schraubenkopfs mittels Lötkolben, wobei der Einsatz von Lötzinn die Wärmeübertragung verbessert.

4 Zum Lösen von abgenutzten M2-Inbusschrauben kann man einen 1/16 Zoll-Innensechskantschlüssel verwenden. Dieser hat eine minimal größere Schlüsselweite als ein »normaler« Inbusschlüssel.

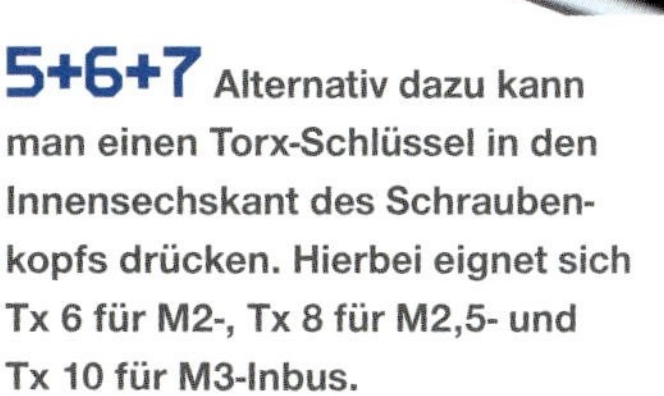

5+6+7 Alternativ dazu kann man einen Torx-Schlüssel in den Innensechskant des Schraubenkopfs drücken. Hierbei eignet sich Tx 6 für M2-, Tx 8 für M2,5- und Tx 10 für M3-Inbus.

Wenn eine Stahlschraube in einem Aluminiumbauteil festsitzt, kann man das Ganze auch mittels Heißluftgebläse oder in einem gut geheizten Backofen erwärmen. Da Aluminium einen mehr als doppelt so großen Wärmeausdehnungskoeffizienten als Stahl hat, dehnt sich die Gewindebohrung mehr aus, als das Schraubengewinde, so dass sich die Schraube leichter lösen lässt.

Ein weiterer Vorteil des Erwärmens besteht darin, dass sich dabei auch eventuell vorhandener Schraubensicherungslack löst. Falls es ausschließlich darum geht, Schraubensicherungslack zu lösen, genügt es oft auch, die Schraube selbst mit Hilfe eines leistungsstarken Lötkolbens zu erhitzen.

Runde Schraubenköpfe

Bei unseren Modellhubschraubern kommen meist Innensechskantschrauben, auch als Inbus bezeichnet, zum Einsatz. Dabei neigen gerade die kleinen Schraubengrößen wie M2 oder M2,5 relativ leicht zum »rund werden«, so dass der Innensechskantschlüssel durchrutscht.

8 Falls sich die Schraube mittels Innensechskant- oder Torx-Schlüssel nicht lösen lässt, kann man mit Hilfe einer kleinen Trennscheibe einen Schlitz in den Schraubenkopf schneiden ...

Bevor man radikalere Methoden anwendet, sollte man zum Lösen von abgenutzten M2-Inbusschrauben zunächst einen 1/16 Zoll-Innensechskantschlüssel verwenden. Dieser hat eine Schlüsselweite von 1,6 Millimetern und ist damit um 1/10-Millimeter größer als der normale Inbusschlüssel für M2-Schrauben.

Alternativ dazu besteht noch die Möglichkeit, dass sich ein passender Torx-Schlüssel in den Innensechskant drücken lässt. Hierbei haben sich die Größen Tx 6 für M2-, Tx 8 für M2,5- und Tx 10 für M3-Inbus in der Praxis bewährt.

Falls sich die Schraube mittels Innensechskant- oder Torx-Schlüssel nicht lösen lässt, kann man mit Hilfe einer kleinen Trennscheibe einen Schlitz in den Schraubenkopf schneiden und einen großen Schlitzschraubendre-

9+10+11 ... und einen großen Schlitzschraubendreher ansetzen. Damit lassen sich kleinere Schrauben fast immer lösen.

12+13 **Wenn die Schraube abgebrochen ist, kann sie mit einem Schraubenausdreher entfernt werden. Diese Ausdreher gibt es in verschiedenen Größen.**

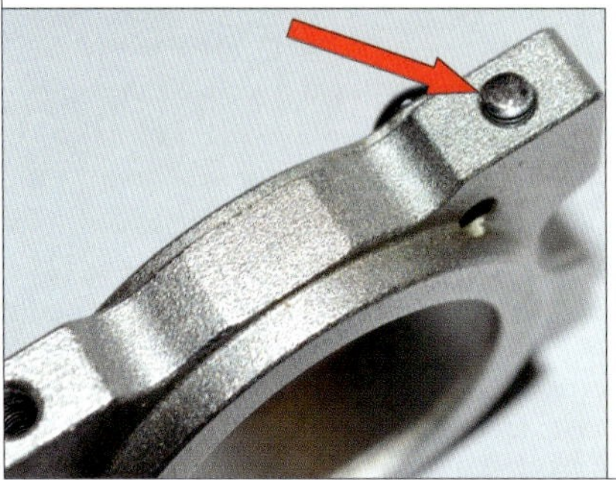

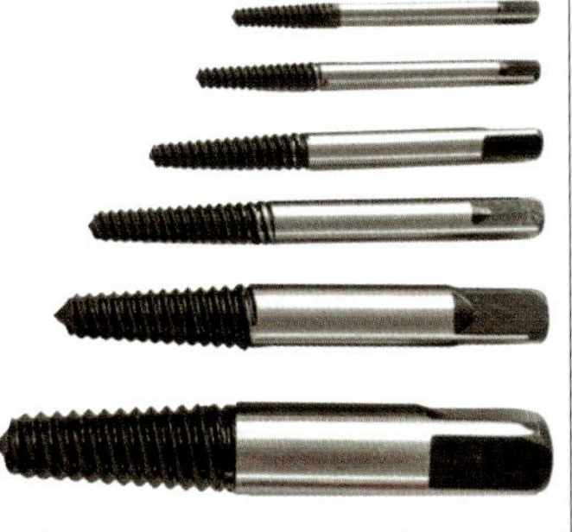

her ansetzen. Damit lassen sich kleinere Schrauben fast immer lösen.

Abgerissene Gewinde

Wenn die Schraube abgebrochen ist, kann sie mit einem Ausdreher entfernt werden, ohne dass dabei das Gewinde beschädigt wird. Hierzu sind jedoch mehrere Arbeitsschritte und folgendes Werkzeug erforderlich: Feile, Hammer, Körner, Bohrmaschine, Metallbohrer und Schraubenausdreher.

Zunächst wird die Bruchstelle an der abgerissenen Schraube mit der Feile eben gefeilt. Dann wird in der Mitte der Bruchstelle mit Hammer und Körner eine kleiner Vertiefung (Körnung) ange-

14 **Zunächst wird die Bruchstelle der abgerissenen Schraube eben gefeilt.**

15 **Dann wird in der Mitte der Bruchstelle mit Hammer und Körner eine kleiner Vertiefung angebracht. Diese dient beim nachfolgenden Aufbohren als Zentrierung.**

16 **Damit das Gewinde beim Aufbohren nicht beschädigt wird, muss der Bohrer einen kleineren Durchmesser als die Schraube aufweisen. Ideal ist ungefähr die Hälfte des Schraubendurchmessers.**

17 **Nach dem Aufbohren wird der Schraubenausdreher entgegen dem Uhrzeigersinn in die Bohrung der Schraube hineingedreht.**

18 Sobald der Ausdreher tief genug hineingedreht wurde, beginnt sich die Schraube mitzudrehen.

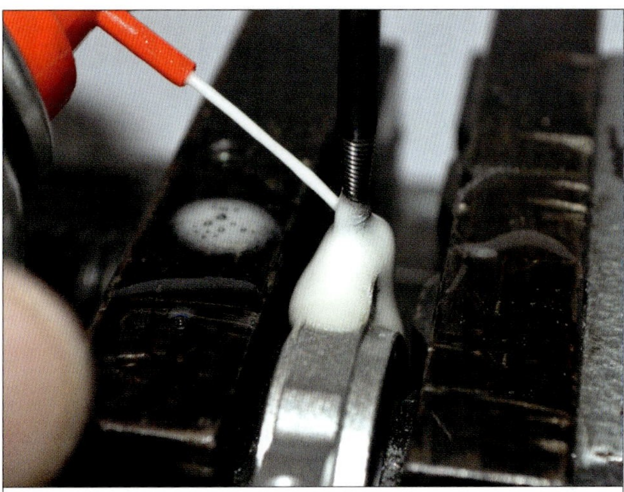

19 Beim Ausdrehen der Schraube sollte man behutsam vorgehen, damit der Ausdreher nicht bricht. Bei Bedarf ist Kriechöl zu verwenden.

20+21 Geschafft!
Die abgerissene Schraube wurde erfolgreich entfernt.

bracht. Diese dient dem Bohrer beim nachfolgenden Aufbohren als Zentrierung.

Falls möglich, sollte das Aufbohren der abgerissenen Schraube mit einer Ständerbohrmaschine erfolgen. Der dabei verwendete Bohrer muss deutlich kleiner als der Schraubendurchmesser sein, da sonst die Gefahr besteht, dass das Gewinde beschädigt wird.

Nach dem Aufbohren kommt dann der Schraubenausdreher zum Einsatz. Dieser wird links herum (also entgegen dem Uhrzeigersinn) in die Bohrung der abgerissenen Schraube hineingedreht.

Sobald sich der konisch geformte Ausdreher dann in der Schraube verkeilt hat, beginnt diese sich (hoffentlich!) zu lösen und mitzudrehen. Hierbei darf keinesfalls Gewalt angewendet werden, da sonst der Ausdreher ebenfalls brechen kann. Bei Bedarf kann man auch hierbei wieder das bewährte Kriechöl einsetzen. •

»Falls möglich, sollte das Aufbohren der abgerissenen Schraube mit einer Ständerbohrmaschine erfolgen. Der dabei verwendete Bohrer muss deutlich kleiner als der Schraubendurchmesser sein ...«

Wellen bearbeiten
und selbst anfertigen

Eine Welle ist per Definition ein Maschinenelement zur Weiterleitung von Drehbewegungen und Drehmomenten und damit bei unseren Modellhubschraubern unverzichtbar. Hier findet man Motor-, Haupt- und Heckrotor- sowie diverse Zwischenwellen in unterschiedlichen Längen und Durchmessern. Was darüber hinaus sonst noch wissenswert ist, und wie man Wellen bei Bedarf auch selber anfertigen kann, zeigt der folgende Beitrag.

1 Silberstahl-Stangen sind das ideale Ausgangsmaterial für Eigenbau-Wellen.

2 Das Kürzen einer Stahlwelle erfolgt am besten mit einer Metallsäge.

3 Bei gehärteten Wellen kann zum Kürzen eine Trennscheibe verwendet werden. Diese ist auch zum Anschleifen der gehärteten Randschicht geeignet.

Gerade bei vorbildähnlichen Modellhubschraubern kommt es immer wieder vor, dass die Rotorwelle gekürzt werden muss, damit der Rotorkopf nicht zu hoch über dem Rumpf sitzt. Während das Kürzen einer gehärteten Welle mit Hilfe einer kleinen Trennscheibe meist problemlos möglich ist, stellt das Anbringen einer zusätzlichen Querbohrung zur Befestigung des Rotorkopfs oft eine kleine Herausforderung dar.

Möglichkeiten zum Anbringen von Querbohrungen

Hierfür gibt es jedoch mehrere Möglichkeiten. Falls die Anforderungen an die Bohrung nicht sehr hoch sind und es bereits genügt, wenn sich die Befestigungsschraube »irgendwie« durchstecken lässt, kann man die benötigte Bohrung mit einem Silizium-Karbid-Schleifstift anbringen. Hierbei ist zwar etwas Geduld erforderlich, aber dafür ist diese Methode mit einfachen Mitteln durchführbar.

Professioneller geht es mit einer soliden Ständerbohrmaschine und einem Vollhartmetallbohrer (VHM-Bohrer), der auch zum Bohren von gehärtetem Stahl geeignet ist. Da viele

4 Vor dem Anbringen einer Querbohrung ist es empfehlenswert, die gehärtete Randschicht der Welle anzuschleifen.

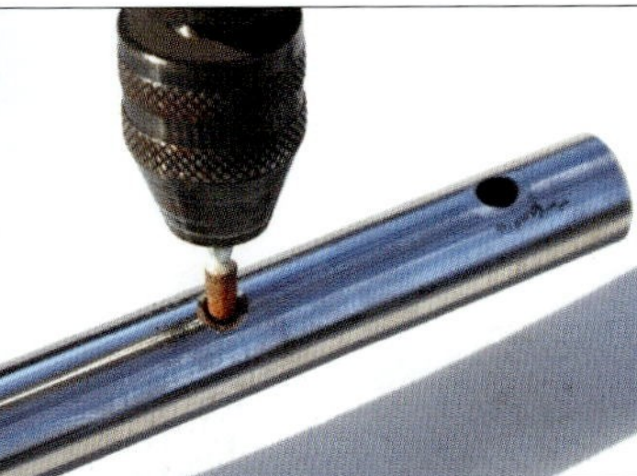

5+6 **Eine Möglichkeit zum Anbringen einer Bohrung in einer gehärteten Welle ist die Verwendung eins dünnen Schleifstifts.**

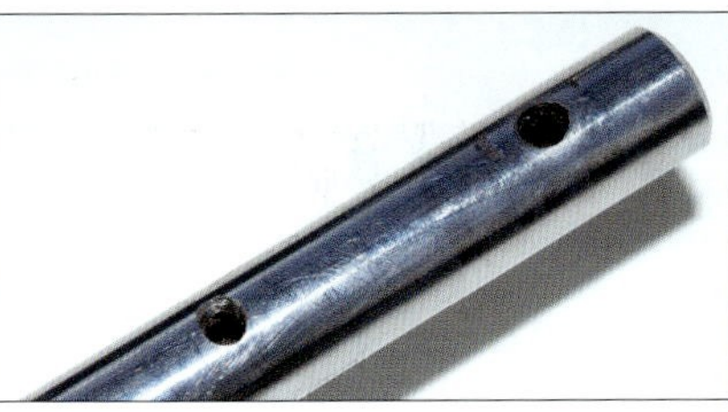

7 **Die so entstandene Bohrung ist zwar nicht besonders präzise, genügt aber zum Durchstecken einer Befestigungsschraube.**

8 **Zum Bohren von gehärteten Wellen sind sogenannte VHM-Bohrer erforderlich. Diese sind mit einer Spitze aus Vollhartmetall ausgestattet.**

9 **Beim Bohren müssen VHM-Bohrer gut geschmiert und gekühlt werden. Hierzu ist beispielsweise Petroleum geeignet.**

Wellen nur an der Oberfläche gehärtet sind, sollte man vor dem Bohren eine kleine Mulde in die Welle schleifen. Dies kann mit einer kleinen Schleifscheibe in einem elektrischen Mikrotool erfolgen und bietet dem Bohrer eine bessere Angriffsfläche. Zudem wird durch das Anschleifen die Dicke der harten Randschicht in den meisten Fällen erheblich reduziert.

Das eigentliche Bohren erfolgt mit relativ geringer Drehzahl und unter Zugabe von Petroleum zum Kühlen und Schmieren des Bohrers. Bei einem Bohrdurchmesser von 3 bis 3,5 Millimetern sollte die Drehzahl rund 800 Umdrehungen pro Minute betragen.

Wenn die Bohrung sehr exakt durch das Zentrum der Welle gehen soll, muss zuvor eine Bohrbuchse angefertigt werden. Hierzu ist eine Drehmaschine erforderlich, in die ein kurzes Stück Rundmaterial mit dem selben Durchmesser wie die zu bohrende Welle eingespannt wird. Nach dem Vorbohren mit einem Zentrierbohrer er-

10+11+12 **Zum professionellen Bohren einer gehärteten Welle wird ein VHM-Bohrer und eine solide Ständerbohrmaschine benötigt. Zuvor sollte die gehärtete Randschicht der Welle angeschliffen werden.**

13 **Während des Bohrens wird das Schmiermittel (Petroleum) mit einem Pinsel an die Bohrstelle gebracht.**

14 **Für besonders exakte Bohrungen sind Bohrbuchsen erforderlich. Diese können beispielsweise aus einem Reststück von der zu bohrenden Welle hergestellt werden.**

16+17+18 **Die Bohrbuchse verhindert das Verlaufen des Bohrers beim Anbohren und ermöglicht mit wenig Aufwand absolut mittig angebrachte Bohrungen.**

hält die künftige Bohrbuchse dann eine durchgehende Längsbohrung mit dem selben Durchmesser wie die vorgesehene Querbohrung in der Welle. Die fertige Bohrbuchse wird dann zur Führung des Bohrers senkrecht auf die Welle gestellt und gemeinsam mit der Welle im Maschinenschraubstock eingespannt.

15 **Zum Herstellen eigener Bohrbuchsen wird eine Drehmaschine benötigt, die idealerweise mit einem Spannzangenfutter ausgestattet sein sollte.**

Eigenbau von Wellen

Zur Herstellung eigener Wellen ist der verschleißfeste Kaltarbeitsstahl 1.2210 (115CrV3), der auch als »Silberstahl« bezeichnet wird, bestens geeignet. Im ungehärteten Lieferzustand lässt er sich gut bearbeiten und seine Festigkeit von 700 bis 800 N/mm² ist für die meisten Wellen im Modellhubschrauber mehr als ausreichend. Beim Einsatz als Getriebe- oder Rotorwelle hat Silberstahl zudem den großen Vorteil, dass er üblicherweise geschliffen und poliert mit ISO-Toleranzfeld h9 geliefert wird und somit ohne Nacharbeit in alle gängigen Kugellager passt.

Im ersten Schritt muss die Silberstahlstange auf die gewünschte Länge der künftigen Welle gekürzt werden. Hierzu ist eine Metallsäge gut geeignet, man kann aber auch einen elektrischen Bohrschleifer mit einer kleinen Schleifscheibe verwenden.

Je nach Verwendungszweck der Welle müssen die beiden Stirnseiten entsprechend nachbearbeitet werden. Im Idealfall werden sie mit einer Drehbank plangedreht – man kann aber auch hier den Bohrschleifer mit einer Schleifscheibe einsetzen.

Ganz wichtig ist das sorgfältige Entgraten der Wellenenden, da sich die Welle sonst aufgrund ihres geringen Untermaßes nicht in ein Kugellager hineinschieben lässt. Aus dem selben Grund können auch spätere Klemmmarken von Ritzel- oder Stellringschrauben bei der Demontage Probleme bereiten. Um dies zu vermeiden, sollte man an den vorgesehenen Befestigungsstellen der Welle kleinen Flächen (oder Mulden) einschleifen.

Mit diesen Grundkenntnissen sollte dem Bau von individuellen Rotorwellen oder kurzfristig benötigter Ersatzwellen nichts mehr im Weg stehen. •

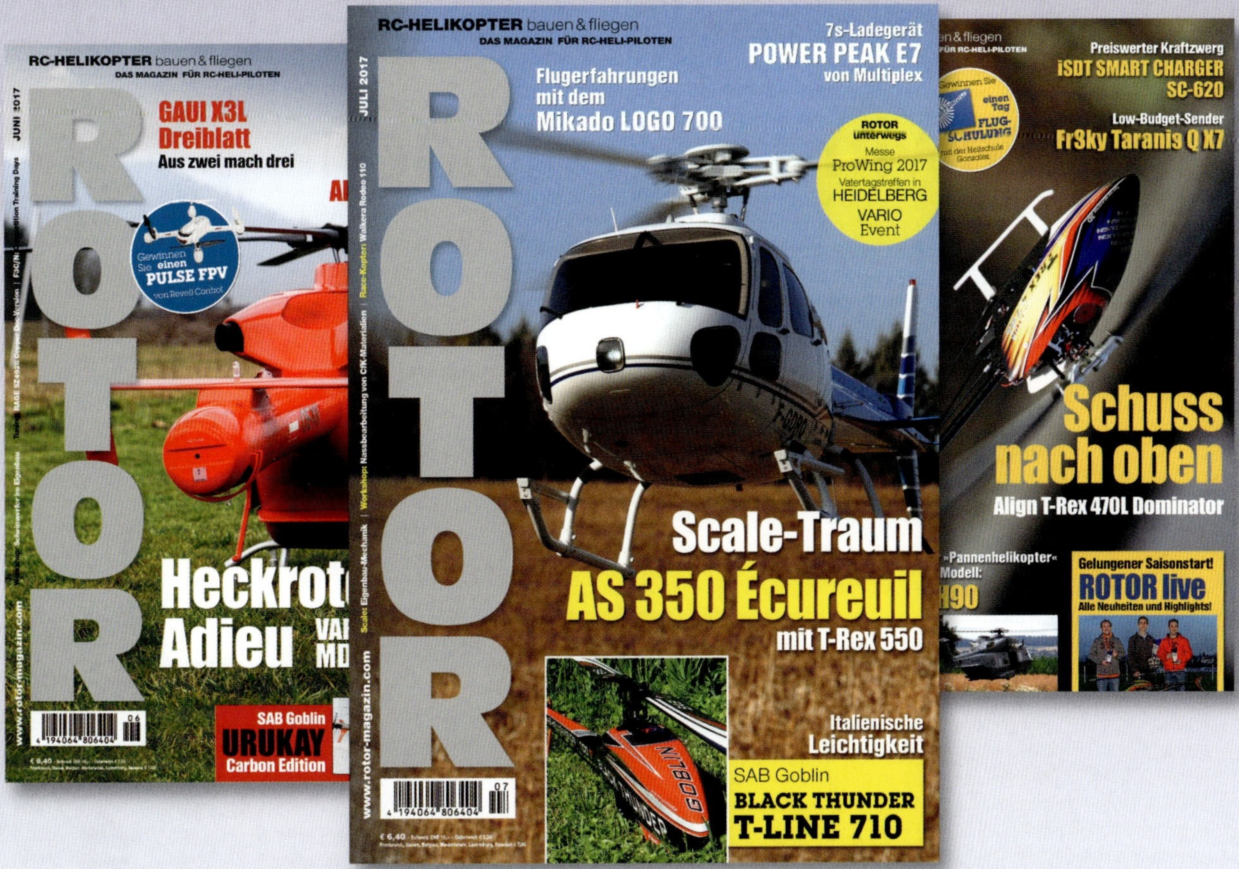

...alles drin!

ROTOR – das Magazin für RC-Heli-Piloten!

Monatlich informiert **ROTOR** auf 84 Seiten über Neuheiten, testet Modelle, Fernsteuerungen und Zubehör. Detaillierte Bauberichte mit zahlreichen Tipps und Ratschlägen von kompetenten Experten unterstützen Sie beim Bau Ihres neuen Modells und kurzweilige Reportagen über Wettbewerbe und Meetings machen Sie vertraut mit der Szene.

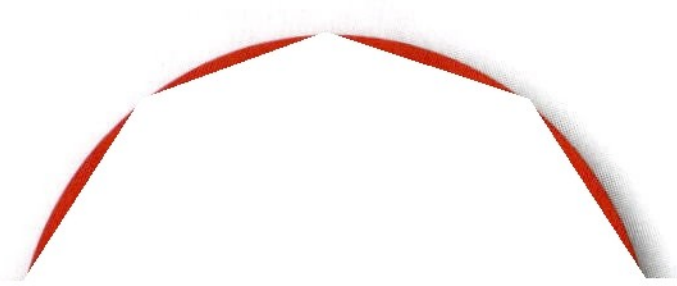

Gewinde schneiden

Gewinde sind bei unseren Modellhelikoptern unverzichtbar. Meist findet man sie als Innengewinde an verschiedenen Komponenten, wie Chassis-Verbinder, Motorhalter, Taumelscheibe und Rotorkopf, gelegentlich aber auch als Außengewinde an den zahlreichen Umlenk- und Anlenkstangen. Fast alle diese Gewinde sind metrische Regelgewinde mit Durchmessern zwischen 2 und 4 Millimetern. Wir zeigen Ihnen hier, wie man solche Gewinde bei Bedarf selbst schneiden kann.

Bevor es losgeht, wollen wir einen Blick auf die benötigten Gewindeschneidwerkzeuge werfen. Zum Schneiden von Außengewinden verwendet man sogenannte Schneideisen, die es für metrische Gewinde ab der Größe M1 (1 mm-Durchmesser) gibt.

Für unsere Zwecke sind besonders die Größen M2 und M2,5 interessant, da diese zum Anfertigen von gängigen Steuerstangen mit Durchmessern von 2 beziehungsweise 2,5 Millimetern geeignet sind. Darüber hinaus können mit dem Schneideisen aber auch beschä-

2+3 **Das Schneideisen wird in einen Schneideisenhalter eingesetzt und mit Schrauben gesichert. Hierbei ist zu beachten, dass die Schrauben in die seitlichen Einkerbungen des Schneideisens greifen.**

1 **Zum Schneiden von Außengewinden verwendet man sogenannte Schneideisen. Die kleeblattförmigen Ausbuchtungen dienen zum Abführen der Späne.**

4 **Links ist ein Maschinengewindebohrer abgebildet, daneben ein dreiteiliger Handgewindebohrersatz, bestehend aus Vorschneider (ein Ring), Mittelschneider (zwei Ringe) und Fertigschneider (ohne Ring).**

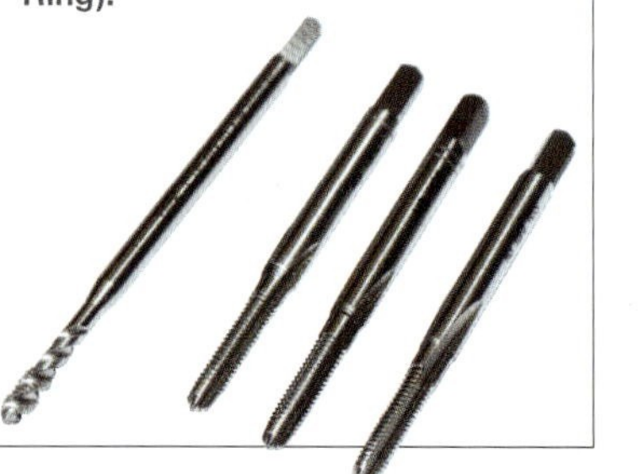

5 **Der Maschinengewindebohrer scheidet das Gewinde in einem einzigen Arbeitsgang. Er kann auch problemlos zum Gewindeschneiden von Hand verwendet werden, ist jedoch etwas bruchempfindlicher als ein Handgewindebohrersatz.**

6 **Das Schneideisen muss unbedingt genau waagerecht auf dem senkrecht eingespannten Werkstück aufgesetzt werden. Zuvor sollte die Spitze des Werkstücks konisch gefeilt werden.**

7+8 Mit einer Drehmaschine kann die genaue Ausrichtung zwischen Rundmaterial und Schneideisen sehr einfach realisiert werden. Das Werkstück wird hier vom Bohrfutter im Reitstock gehalten, der während des Schneidens in Richtung Arbeitsspindel gleitet.

9 Vor dem Schneiden eines Innengewindes muss zunächst ein Kernloch gebohrt werden. Der richtige Kernlochdurchmesser (siehe Tabelle) ist für die Gewindequalität entscheidend.

10 Damit der Gewindebohrer sauber anschneidet, muss das Kernloch größer als der Außendurchmesser des Gewindes angesenkt werden.

METRISCHE ISO-GEWINDE

Das metrische ISO-Gewinde besitzt einen Flankenwinkel von 60° und ist weltweit standardisiert. In der Gewindebezeichnung wird nach dem Buchstaben »M« der Nenndurchmesser des Gewindes angegeben. So bezeichnet beispielsweise »M3« ein metrisches ISO-Gewinde mit einem Durchmesser von drei Millimetern.

digte Gewinde nachgeschnitten oder bereits vorhandene Gewinde verlängert werden.

Innengewinde werden dagegen mit Gewindebohrern ins Werkstück geschnitten. Für uns sind hier besonders die Größen M2, M2,5, M3 und M4 interessant, da dies die häufigsten Innengewindedurchmesser an unseren Helis sind.

Ein klassischer Handgewindebohrersatz besteht aus Vorschneider, Mittelschneider und Fertigschneider, die nacheinander zum Einsatz kommen. Alternativ dazu kann man auch Maschinengewindebohrer zum manuellen Gewindeschneiden verwenden.

TABELLE KERNLOCHBOHRUNGEN

M2	- Kernloch Ø 1,6 mm
M2,5	- Kernloch Ø 2,1 mm
M3	- Kernloch Ø 2,5 mm
M4	- Kernloch Ø 3,3 mm
M5	- Kernloch Ø 4,1 mm

Außengewinde

Beim Gewindeschneiden ist es sehr wichtig, dass das Schneideisen genau rechtwinklig zur Werkstückachse angesetzt wird. Dies gilt ganz besonders bei schlanken Rundmaterialien wie unseren Steuerstangen. Wenn man hier das Schneideisen schief ansetzt, wird das Gewinde schräg nach außen geschnitten und dabei der Gewindekern geschwächt. Dies kann später zum Bruch des Gewindes führen!

Damit das Schneideisen richtig angesetzt werden kann, muss das Ende des Rundmaterials immer konisch gefeilt werden. Anschließend wird das

11 Während des Gewindeschneidens sollte der Schneidbereich ständig mit Schneidöl benetzt werden. Dies sorgt nicht nur für ein besseres Arbeitsergebnis, sondern schont auch die Schneidklingen des Werkzeugs.

12 Der Gewindebohrer, in diesem Fall ein Maschinengewindebohrer, muss genau senkrecht zum Werkstück angesetzt werden. Gelegentliches Zurückdrehen beim Schneiden bricht die Späne und sorgt für einen problemlosen Abtransport.

13 Während des Gewindeschneidens wird der Gewindebohrer von einem Windeisen gehalten und gleichmäßig mit beiden Händen gedreht.

»Wie bereits beim Außengewinde ist es auch beim Innengewinde sehr wichtig, dass der Gewindebohrer rechtwinklig zum Werkstück angesetzt wird.«

Schneideisen in den Schneideisenhalter eingesetzt und mit etwas Schneidöl benetzt.

Der Schneidevorgang erfolgt anschließend durch langsames und gleichmäßiges Drehen im Uhrzeigersinn, wobei man gelegentlich einen Tropfen Schneidöl hinzugibt. Nach jeder vollen Umdrehung sollte man das Schneideisen wieder etwas zurückdrehen, damit die Späne gebrochen werden. Wenn die gewünschte Gewindelänge erreicht ist, wird das Schneideisen gegen dem Uhrzeigersinn vom Werkstück heruntergedreht.

Innengewinde

Zur Herstellung eines Innengewindes ist ein Arbeitsschritt mehr erforderlich als beim Außengewinde, nämlich das Bohren des Kernlochs. Der Kernlochdurchmesser beträgt ungefähr 80 Prozent des Gewindedurchmessers und kann der Tabelle im Anhang entnommen werden.

Nach dem Bohren muss das Kernloch mit einem Senker (oder notfalls einem größeren Bohrer) angesenkt werden, damit der Gewindebohrer besser anschneiden kann. Wie bereits beim Außengewinde ist es auch beim Innengewinde sehr wichtig, dass der Gewindebohrer rechtwinklig zum Werkstück angesetzt wird. Der eigentliche Schneidevorgang erfolgt dann wieder durch langsames und gleichmäßiges Drehen im Uhrzeigersinn, wobei

BEZUGSQUELLEN

Gewindeschneidwerkzeuge/Bohrer/Senker/Schneidöl:
▸ GW-Werkzeuge, www.gw-werkzeuge.de

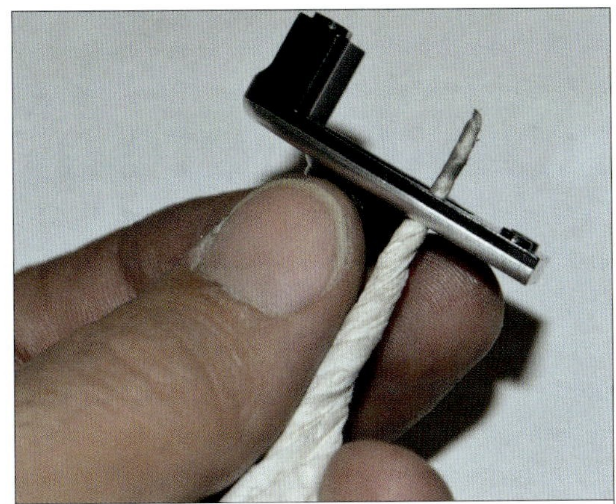

14 Die fertige Gewindebohrung kann man beispielsweise mit einem Küchentuch von den Spänen befreien. Falls eine Schraubensicherung vorgesehen ist, muss das Gewinde zusätzlich entfettet werden.

15 Ein fertig gebohrtes und gereinigtes M2,5-Gewinde. Zum nachträglichen Entfetten eignen sich Spiritus oder Bremsenreiniger.

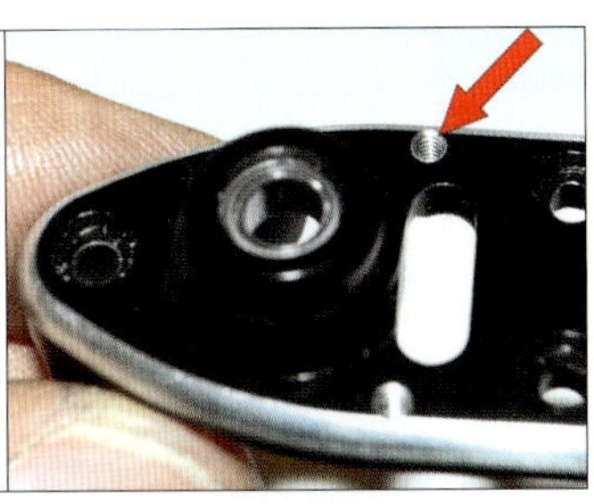

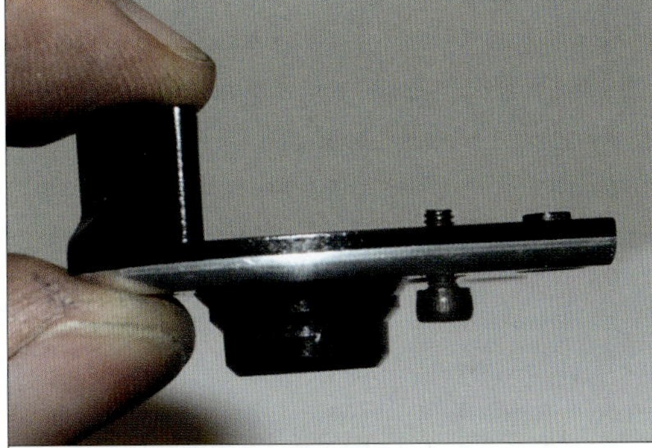

16 Wenn sich die Schraube leicht hineindrehen lässt, ohne dabei zu klemmen oder zu wackeln, ist das Gewinde in Ordnung.

gelegentlich ein Tropfen Schneidöl hinzugegeben wird. Genau wie beim Außengewinde sollte auch hier wieder das Schneidwerkzeug nach jeder Umdrehung etwas zurückgedreht werden, um die Späne zu brechen.

Falls ein Handgewindebohrersatz verwendet wird, muss der Schneidvorgang nacheinander mit allen drei Gewindebohrern in der richtigen Reihenfolge durchgeführt werden. Hierbei kommt immer zuerst der Gewindebohrer mit einer Ringmarkierung zum Einsatz, dann folgt der Bohrer mit zwei Ringen und zuletzt der Bohrer ohne Ring.

Nach dem Herausdrehen des letzten Gewindebohrers muss man das neue Gewinde noch sorgfältig von Spänen befreien und bei Bedarf mit Bremsenreiniger oder Spiritus entfetten. •

17+18 Wenn es beim Gewindebohren auf besonders hohe Präzision ankommt, wie hier bei einer selbstgefertigten Heckrotornabe, kann man eine »Bohrbuchse« verwenden. Auf diese Weise trifft man nicht nur exakt die Mitte des Werkstücks, sondern stellt auch die senkrechte Ausrichtung des Gewindebohrers sicher.

Reparatur von **GfK-Hauben und Rümpfen**

Deckschicht-Reparatur mit Gelcoat

Jeder Pilot ärgert sich darüber: Risse und Lackschäden an der Trainerhaube oder am Scale-Rumpf. Doch nicht alle auf den ersten Blick schlimm erscheinenden Kosmetikprobleme müssen zum Kauf einer neuen Haube oder von Rumpfteilen führen, denn vieles lässt sich in der heimischen Modellbauwerkstatt wieder ausbessern.

Egal ob Trainerhaube oder Scale-Rumpf: Risse und Lackschäden sind ärgerlich – lassen sich aber oft ausbessern.

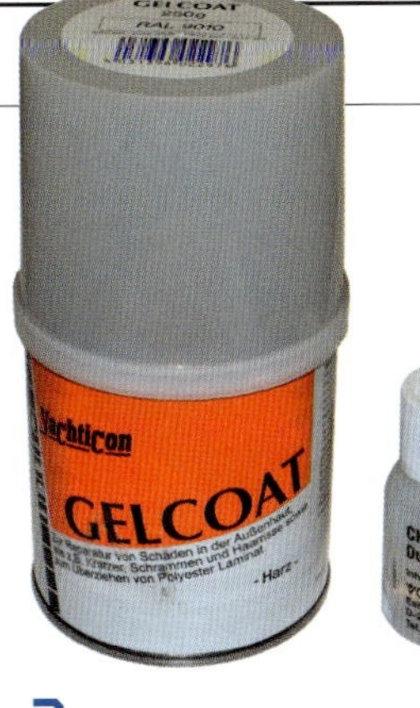

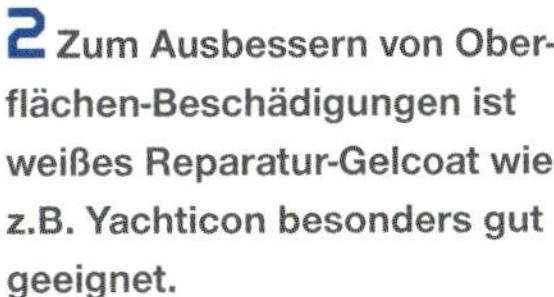

2 Zum Ausbessern von Oberflächen-Beschädigungen ist weißes Reparatur-Gelcoat wie z.B. Yachticon besonders gut geeignet.

3 Das Gelcoat wird in kleinen Mengen mit dem zugehörigen Härter angerührt. Normalerweise werden hierbei 2% Härter hinzugefügt.

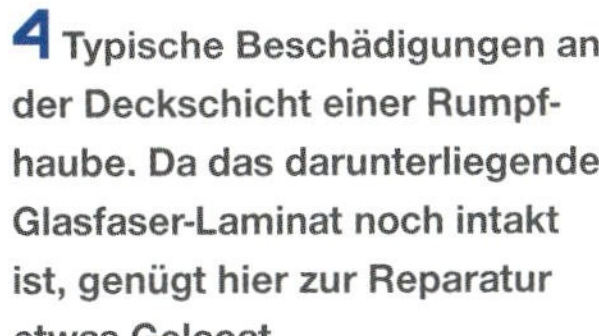

4 Typische Beschädigungen an der Deckschicht einer Rumpfhaube. Da das darunterliegende Glasfaser-Laminat noch intakt ist, genügt hier zur Reparatur etwas Gelcoat.

Besonders einfach ist die Reparatur bei einfarbigen Hauben oder an Stellen des Rumpfs, an denen kein Farbübergang in der Lackierung vorhanden ist. Besonders problemlos sind natürlich weiße Hauben und Rümpfe. Als erstes Beispiel soll ein kleiner Scale-Rumpf mit leichten Beschädigungen in der Deckschicht dienen. Dank der überwiegend weißen Lackierung kann hier besonders einfach nachgebessert werden.

Reparaturen mit Gelcoat

Gelcoat stammt ursprünglich aus dem modernen Sportbootbau, wo es zum Schutz von GfK-Rümpfen gegen Salzwasser und UV-Strahlung eingesetzt wird. Darüber hinaus kann man mit einer Gelcoat-Beschichtung auch besonders glatte Oberflächen mit hohem Glanzgrad erzielen. All diese Eigenschaften machen Gelcoat zu einem idealen Werkstoff bei der Reparatur und Veredelung von Heli-Rümpfen und -Hauben.

Das von uns verwendete Yachticon Gelcoat dient normalerweise zur Ausbesserung von kleinen Rissen und Schrammen in GfK-Bootsrümpfen und ist damit optimal für unsere Zwecke geeignet. Nicht nur die Verarbeitung selbst, sondern auch das Aushärten geht hierbei schnell und einfach von der Hand. Grundsätzlich kann man aber auch Polyester-Gelcoat anderer Hersteller für die Reparatur von Modellrümpfen verwenden.

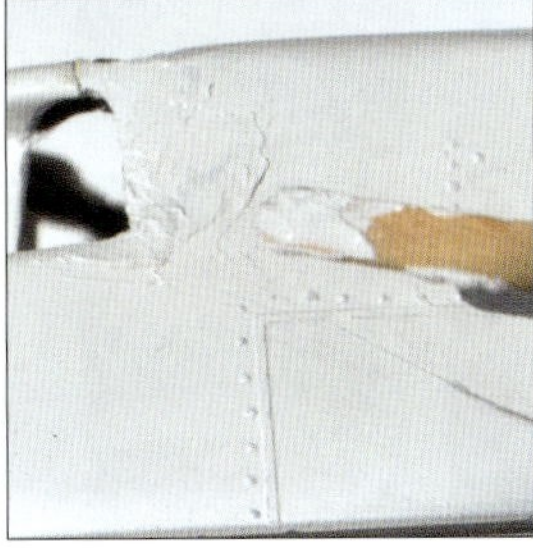

5 Das Gelcoat wird mit einer kleinen Spachtel oder einem Holzspatel auf die beschädigte Oberfläche aufgetragen und grob geglättet.

Die Verarbeitungstemperatur von Polyester-Gelcoat sollte nicht unter 20 Grad liegen, da ansonsten keine optimale Aushärtung erfolgen kann und die fertige Oberfläche dann meist etwas klebrig bleibt. Die Härterzugabe beträgt bei den meisten Gelcoat-Sorten zwischen zwei und drei Prozent und kann beispielsweise mit einer Pipette erfolgen; anschließend beträgt die Verarbeitungszeit rund 20 Minuten. Wenn man nur kleine Gelcoat-Mengen für Reparaturzwecke mischt, ist die Zugabe von zu viel Härter nach unseren Erfahrungen nicht weiter schädlich, verringert aber deutlich die Verarbeitungszeit.

Der Vollständigkeit halber soll erwähnt werden, dass die meisten Polyester-Gelcoats durch die Zugabe von Polyester-Farbpasten beliebig eingefärbt werden können.

Basiswissen: Deckschicht-Reparatur mit Gelcoat

6 Nach dem vollständigen Aushärten wird das Gelcoat mit Schleifpapier sauber verschliffen. Der abschließende Feinschliff erfolgt mit Körnung 800 oder höher.

7 Grundsätzlich sollte immer nass geschliffen werden. Hierdurch wird nicht nur das Arbeitsergebnis verbessert, sondern auch die Reibungswärme abgeleitet und die Schleifpartikel weggespült, ohne dem Schleifpapier zuzusetzen.

8 Nach dem Schleifen kann das aufgetragene Gelcoat bei Bedarf auch auf Hochglanz poliert werden. Hierfür ist beispielsweise Metall- oder Lackpolitur geeignet.

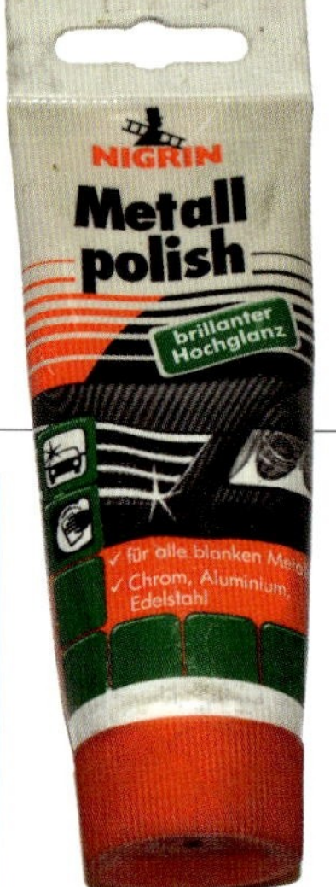

9 Das Polieren erfolgt am besten mit einem weichen, fusselfreien Tuch oder einfach mit reißfestem Küchenpapier.

BEZUGSQUELLEN

Yachticon Reparatur-Gelcoat
▸ www.24ocean.de, 24trade, Handelsgesellschaft, 23570 Lübeck

Nass-Schleifpapier
▸ Baumark

10 Nach dem Aufpolieren sind die Beschädigungen nicht mehr erkennbar – und wenn der Rumpf oder die Haube zufällig weiß ist, kann auf eine Lackierung verzichtet werden.

Auftragen des Gelcoats

Das Auftragen des Gelcoats auf die Reparaturstellen kann beispielsweise mit einem Holzspatel, wie sie zum Umrühren von Kaffee in Schnellrestaurants verwendet werden, erfolgen. Anschließend sollten alle Schadstellen vollständig mit dem Gelcoat bedeckt sein, so dass diese nicht mehr zu sehen sind.

Nach dem das Gelcoat vollständig ausgehärtet ist, wird überschüssiges Material mit angefeuchtetem Schleifpapaier abgetragen und dabei die ursprüngliche Kontur nachgebildet. Zuletzt kann man mit einer handelsüblichen Metallpolitur eine hervorragende Oberflächenbeschaffenheit erzielen, die abschließend wieder in der ursprünglichen Farbe des Rumpfs oder der Haube lackiert werden kann. •

Reparatur von **GfK-Hauben und Rümpfen**

Ausbessern und Verstärken von Laminat

Im ersten Teil über die Reparatur von GfK-Hauben und Rümpfen beschreiben wir die Deckschicht-Reparatur mithilfe von Gelcoat, einem Hartlack, der ursprünglich aus dem Sportbootbau stammt. Bei eingerissenem Laminat hilft jedoch nur die Verwendung von Glasgewebe, um Risse effektiv ausbessern zu können. Wie man dabei am besten vorgeht, erfahren Sie im folgenden Artikel.

In unserem Workshop soll die beschädigte Trainerhaube eines Alien 600 als Beispiel dienen, wobei es insbesondere um die Reparatur des eingerissenen Laminats geht. Besonders wichtig ist dabei die Wahl des richtigen Glasgewebes, denn »Glasgewebe« ist nicht gleich »Glasgewebe«. Entscheidend ist hier vor allem die Art und Weise, wie die einzelnen Fasern miteinander verwebt sind. Aufgrund des Zusammenhangs zwischen der gewählten Grundbindung und der resultierenden Formbeständigkeit ist diese nicht zu vernachlässigen. Je geringer die Anzahl der Bindepunkte innerhalb des Gewebes, desto geringer fällt die Formbeständigkeit aus.

Eine geringere Anzahl an Bindepunkten lässt das Gewebe also formbarer und anpas-

1+2 Beschädigungen an einer Heli-Haube. Da hier nicht nur die Deckschicht, sondern auch das Laminat gerissen ist, wird für die Reparatur auch eine Glasmatte benötigt. Doch selbst Beschädigungen in diesem Ausmaß lassen sich mit den richtigen Mitteln kostengünstig beseitigen.

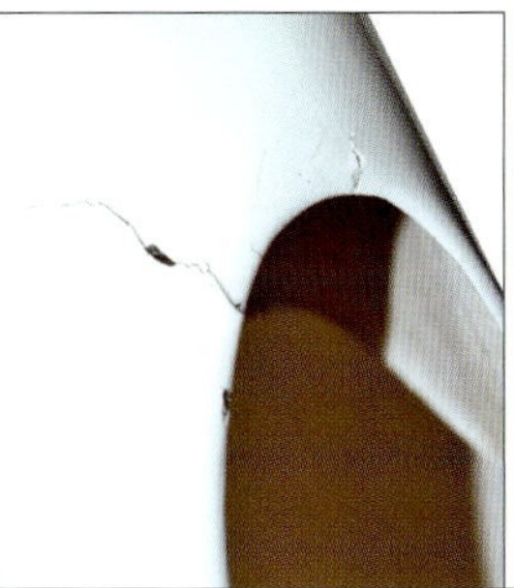

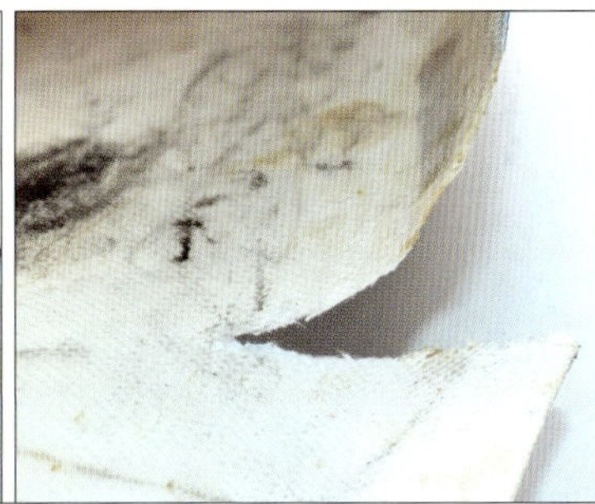

3 Für Hauben- und kleinere Rumpfausbesserungen ist dünnes 8 g-Köper-Glasgewebe besonders gut geeignet.

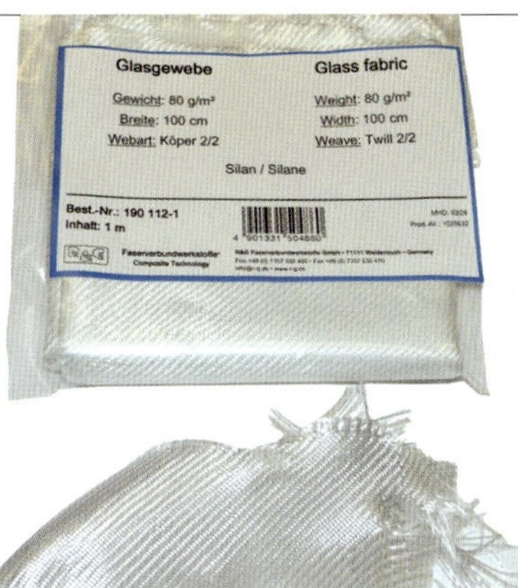

4 Schön zu erkennen: Die gute Anpassungsfähigkeit des dünnen Kötpergewebes an dreidimensionale Konturen. Diese hohe Drapierbarkeit erlaubt auch die Anpassung an komplexere Hauben- oder Rumpfkonturen.

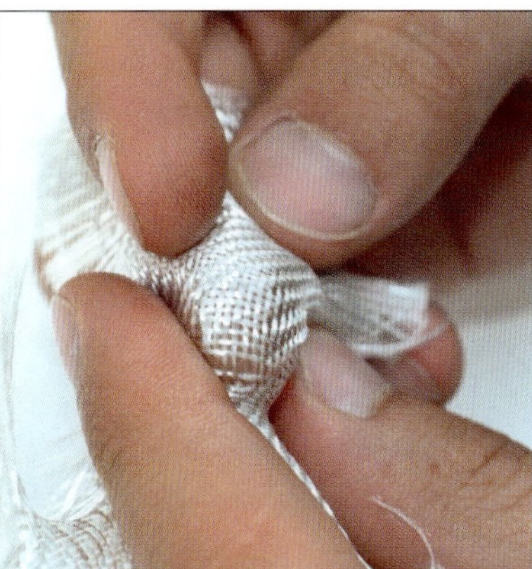

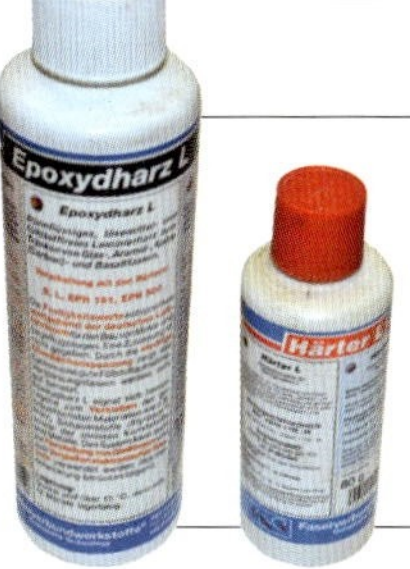

5 **Zur Verarbeitung von Glasgewebe sollte immer dünnflüssiges Epoxid-Laminierharz verwendet werden. Epoxid-Kleber, wie 5-Minuten-Epoxy oder Ähnliches, sind hierfür weniger geeignet.**

BEZUGSQUELLEN

Laminierharz/Glasgewebe:
▸ www.r-g.de,
R&G Faserverbundwerkstoffe GmbH,
71107 Waldenbuch

6 **Der erste Schritt bei Ausbesserung das Laminats ist die sorgfältige Reinigung und das Anschleifen im Bereich der Schadstelle. Hierfür ist grobes Schleifpapier (Körnung 80) gut geeignet, denn die daraus resultierende Rauheit verbessert die Haftung des späteren Laminats.**

7+8 **Das Laminieren der Schadstelle wird wesentlich erleichtert, wenn der Riss zuvor mit Sekundenkleber punktuell fixiert wird. Hierbei ist auch der Einsatz von Aktivator-Spray zur sofortigen Aushärtung des Klebers sehr hilfreich.**

9 **Das Zuschneiden der Glasfasermatte erfolgt normalerweise mit einer speziellen Mikrofaserschere, die dank ihrer Mikroverzahnung für saubere Kanten sorgt. Bei kleineren Reparaturarbeiten mit dünnen Glasmatten kann notfalls auch eine scharfe Haushaltsschere verwendet werden.**

»Sehr wichtig ist die genaue Einhaltung des vorgeschriebenen Mischungsverhältnisses von 100 zu 40 Gewichtsteilen Harz und Härter.«

sungsfähiger werden. Gängige Webarten sind hier die Leinwand- und die Köperbindung. Die Anzahl der Bindungspunkte in den einzelnen Geweben nimmt in dieser Reihenfolge ab, gleichzeitig erhöht sich folglich die Drapierfähigkeit (Verformbarkeit) während die Verschiebefestigkeit abnimmt. Dies wiederum erschwert das Bestreichen mit dem Epoxydharz.

Wir empfehlen hier als »goldene Mitte« ein Köpergewebe, das an seiner charakteristischen Oberfläche mit den diagonal verlaufenden Knotenpunkten leicht erkennbar ist. Diese Webart bietet für die mäßig komplexen Formen von Hauben und Rumpfteilen eine mehr als ausreichende Drapierbarkeit, bei gleichzeitig guten Verarbeitungseigenschaften. Glasgewebe mit einem Gewicht von 80 Gramm pro Quadratmeter bildet unserer Meinung nach bei kleineren Rumpf- und Haubenreparaturen einen guten Kompromiss aus Gewicht, Verarbeitung und Festigkeit.

Laminierharz

Weiterhin wird ein Epoxid-Laminierharz sowie ein kompatibler Härter benötigt. Dieses dient als Matrixwerkstoff und soll später zusammen mit dem Glasgewebe als Halbzeug unseren sogenannten Verbundwerkstoff ergeben. Wir verwenden für unsere Reparaturen das Epoxydharz L und Härter L, der eine Verarbeitungszeit von 40 Minuten ermöglicht. Alternativ dazu könnte man auch den Härter S verwenden, der für eine schnellere Durchhärtung sorgt, aber die Verarbeitungszeit auf 15 Minuten reduziert. Sehr wichtig ist die genaue Einhaltung des vorgeschriebenen Mischungsverhältnisses von 100 zu 40 Gewichtsteilen Harz und Härter. Für Reparaturzwecke würde man beispielsweise 5 Gramm Harz mit 2 Gramm Härter mischen. Hierfür sollte eine genaue Brief- oder Laborwaage verwendet werden. Als Mischbehältnis lassen sich beispielsweise Schutzkappen von Deodorants recyceln, die man nach dem Aushärten des Harzes einfach entsorgt.

Zum Auftragen des Laminierharzes auf kleinere Flächen bei Reparaturen ist ein preisgünstiger Borstenpinsel gut geeignet. Das Harz wird am besten auf die zuvor aufgelegte Glasfasermatte aufgetupft, da diese beim Streichen des Harzes verrutschen würde. Bei Bedarf können auch mehrere Matten nass in nass übereinander gelegt werden. Die Glasfasermatten müssen vollständig mit Harz getränkt sein, somit wird die beste Festigkeit erzielt und die Schadstelle wird nach dem Aushärten nahezu unsichtbar. Um mit den gezeigten Handgriffen leichte bis mittlere Schäden auszubessern, bedarf es kaum Vorerfahrung. Einfarbige Bereiche sehen nach sorgfältiger Arbeit aus wie neu. Wer nach der Reparatur einer kompliziert lackierten Stelle Wert auf ein perfektes Finish legt, kommt jedoch um eine professionelle Lackierung nicht herum. Eine sichtbare Reparaturstelle kann jedoch auch durchaus seinen Charme haben. •

10 **An schwierigen Stellen kann das zugeschnittene Glasgewebe nach dem Positionieren bei Bedarf mit Sekundenkleber punktuell fixiert werden. Hierbei sollte der Sekundenkleber nur sehr sparsam verwendet werden, da er das Glasgewebe hart und spröde macht.**

11 **Beim Anmischen des Laminierharzes muss das vorgeschriebe Mischungsverhältnis von Harz und Härter genau beachtet werden. Sehr gut geeignet ist hierfür eine Brief- oder Laborwaage.**

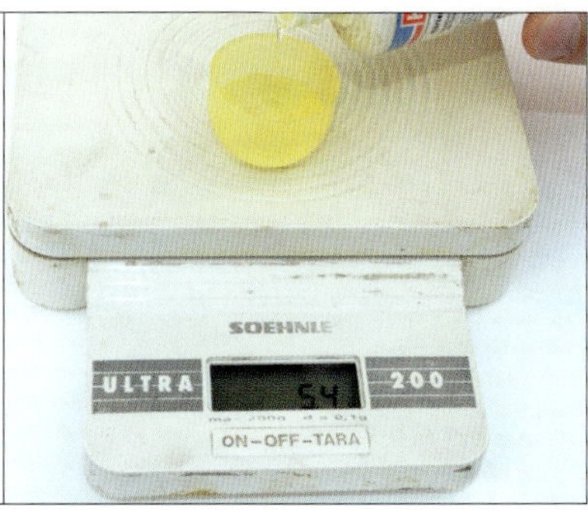

12 **Perfekt geeignet zum Mischen und Aufnehmen von kleinen Harzmengen: Die Schutzkappe einer Spraydose. Diese ist in jedem Haushalt zu finden und stellt ein praktisches kleines Harzbehältnis dar.**

13 **Zum Auftragen des Laminierharzes auf kleinere Flächen reicht ein preisgünstiger Borstenpinsel völlig aus. Dabei sollte überwiegend getupft und nur leicht mit dem Pinsel gestrichen werden – hierdurch wird das Auseinanderschieben des Köpergewebes vermieden.**

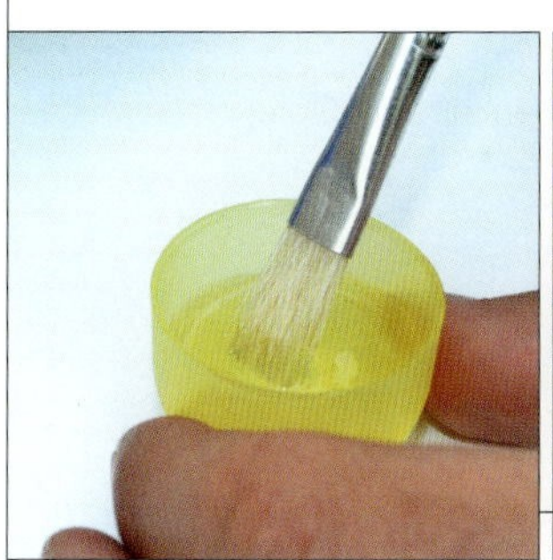

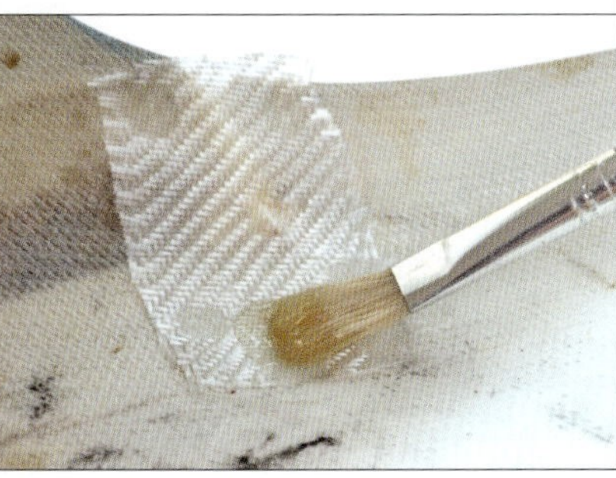

14 **Die Glasfasermatte muss vollständig mit Harz getränkt sein, aber nicht im Harz »schwimmen«. Wenn sorgfältig gearbeitet wurde, wird die Matte und damit die Schadstelle so gut wie unsichtbar.**

ARMY
maniac
maniac

U.S.
COAST GUARD

DIE IDEENWERKSTATT
WORKSHOP

Ausbau von Scale-Modellen
und Scale-Details selbst erstellen

Tiefziehen von Kleinteilen

Das Tiefziehen bietet sich für Kunststoffteile mit großer Oberfläche und geringen Wandstärken an. Tiefgezogene Kunststoffteile werden aus Kunststoffplatten oder -folien hergestellt und zeichnen sich nicht nur durch hohe Formstabilität, sondern auch durch niedriges Gewicht aus.

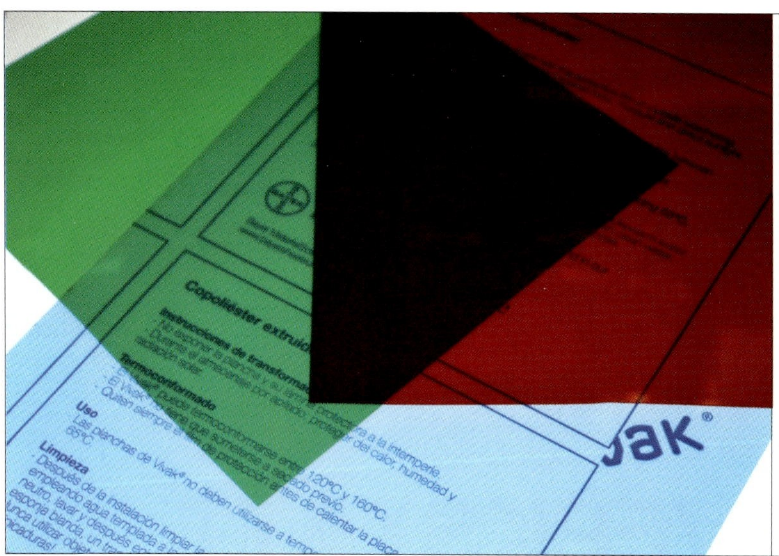

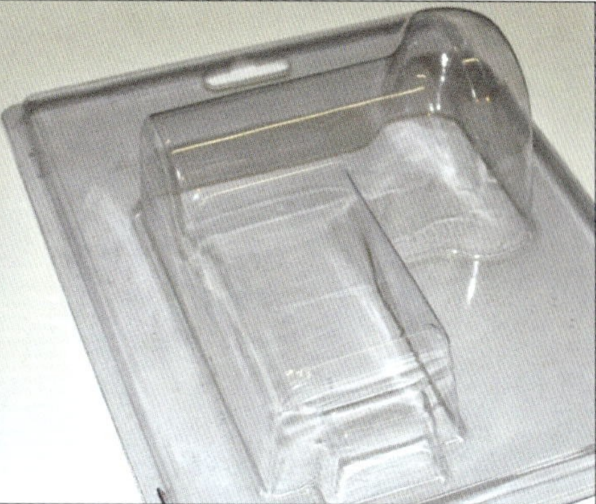

1+2 Typische Tiefziehmaterialien: Da sich Thermoplaste mehrmals warmformen lassen, können auch Blister-Verpackungen verwendet werden.

Prinzipiell geht es darum, eine Kunststoffplatte oder -folie zu erhitzen und sie dann über eine Form zu ziehen. Bei großen oder komplexen Formen ist hierzu ein Vakuum-Kasten erforderlich, aber bei kleinen oder flachen Teilen geht es auch ohne. Typische Beispiele hierfür sind Abdeckungen und Gehäuse für Positionslichter und Scheinwerfer oder gewölbte Fensterscheiben.

Geeignete Materialien

Naturgemäß kommen für die genannten Anwendungsbeispiele überwiegend transparente, beziehungsweise rot oder grün eingefärbte Folien mit einer Stärke von 0,5 Millimetern zum Einsatz. Diese Materialien sind im Fachhandel beispielsweise als »Vivak Platte, transparent, 0,5 mm«, oder als »PVC-Folie, dunkelrot, 0,23 mm« erhältlich.

Grundsätzlich eignen sich hierfür alle Folien oder Platten aus Thermoplasten wie ABS, PS, PP, PA 6 oder PE. Bei der Herstellung von Teilen, die später lackiert werden sollen, ist PS (Polystyrol) besonders gut geeignet. Dieser Kunststoff ist im Fachhandel als weißes Plattenmaterial in unterschiedlichen Stärken erhältlich, und kann ohne vorherige Grundierung problemlos lackiert werden.

3 Als Vorlagen oder Tiefziehwerkzeuge sind die unterschiedlichsten Alltagsgegenstände geeignet.

Nützliche Vorlagen

Wie eingangs erwähnt, sind besonders Lampengehäuse, beziehungsweise deren farbige Abdeckungen, zum Tiefziehen ohne Vakuum-Kasten geeignet. Bleibt die Frage, was sich hierbei als Vorlage beziehungsweise

4+5+6 Tiefziehen einer Scheinwerfer-Abdeckung. Als Tiefziehwerkzeug dient eine kleine LED-Taschenlampe. Das Ausschneiden des tiefgezogenen Werkstücks gelingt am besten mit einer kleinen Nagelschere.

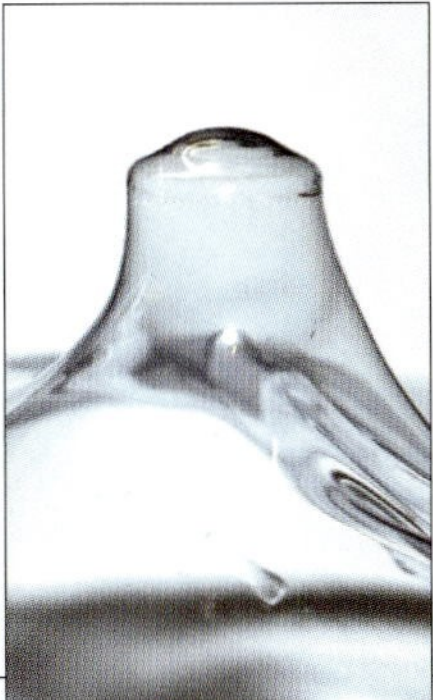

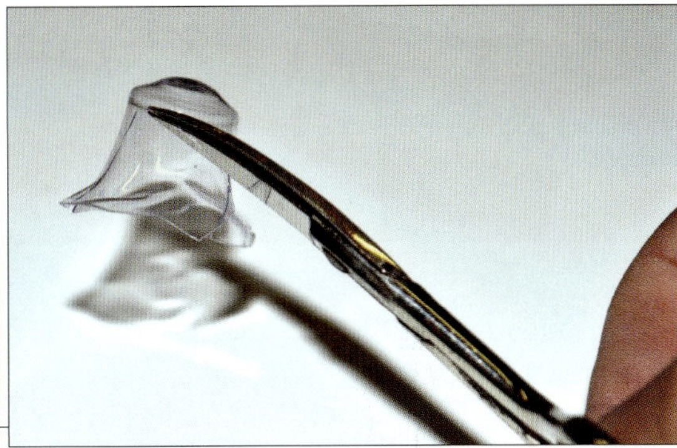

7+8+9 Tiefziehen eines Anti-Collision-Lights (ACL). Als Tiefziehwerkzeug dient eine abgeschnittene Verschlusskappe.

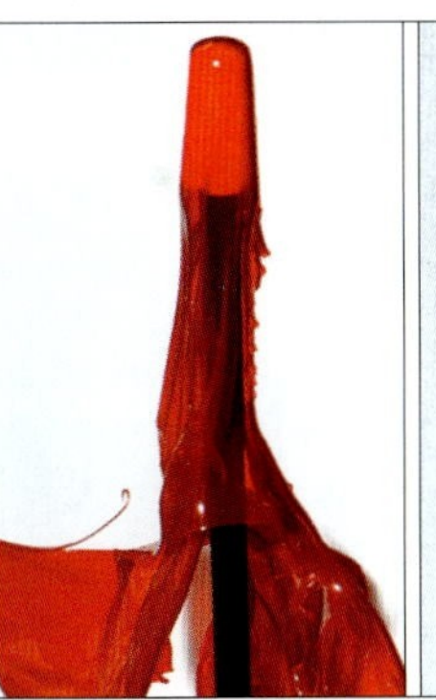

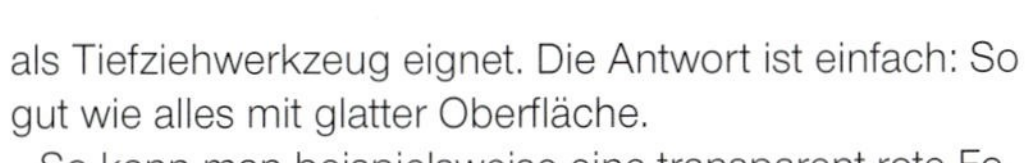

als Tiefziehwerkzeug eignet. Die Antwort ist einfach: So gut wie alles mit glatter Oberfläche.

So kann man beispielsweise eine transparent-rote Folie über eine klares LED-Gehäuse ziehen, um so eine rote Positionslampe herzustellen. Wenn man sich in der Hobbywerkstatt umsieht, wird man schnell noch weitere Vorlagen für Beleuchtungen aller Art entdecken. Hierzu zählen nicht nur Filzstiftkappen und Kugelschreiberspitzen, sondern auch Verschlusskappen aller Art. Nicht zu vergessen: Hutmuttern und Schlossschrauben zum Ziehen von Rundumleuchten und Scheinwerferlinsen.

Die Verwendung von Muttern und Schrauben als Vorlagen zum Tiefziehen hat sogar den Vorteil, dass sie in allen möglichen Formen und Größen erhältlich sind. Bei Bedarf können sie vor dem Einsatz als Tiefziehwerkzeuge sogar mit 600er Schleifpapier feingeschliffen und mit Chrompolitur auf Hochglanz poliert werden.

Last but not least können mit der hier beschriebenen Tiefziehmethode auch neue Cockpit- oder Kabinenfenster hergestellt werden. Ein Beispiel sind die meist grün getönten Dachfenster, die bei fast allen Vorbildhubschraubern vorkommen. Eine einfache Möglichkeit, zur Herstellung dieser Fenster ist das Zie-

»Grundsätzlich ist es dabei empfehlenswert, robuste Arbeitshandschuhe zu tragen, um sich nicht die Finger zu verbrennen.«

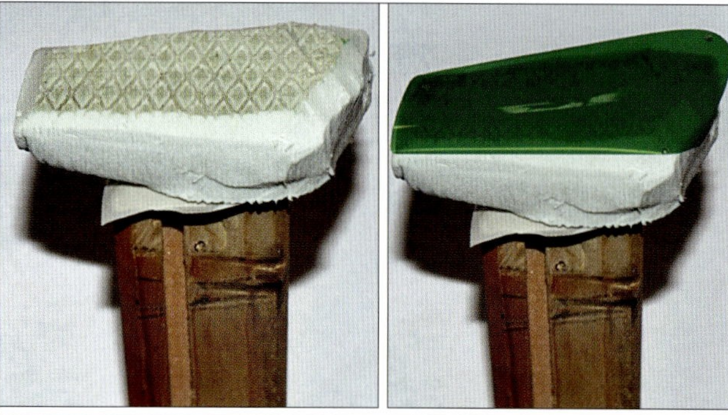

10+11+12 **Tiefziehen eines getönten Cockpit-Fensters. Als Tiefziehwerkzeug dient ein »blind« gewordenes Bausatzfenster, das auf einen grob zugeschnittenen Styrodur-Block gelegt wurde.**

hen einer grün getönten Folie über die meist klaren Bausatzfenster. Die Fenster müssen hierzu auf eine vorgeformte, elastische Unterlage aus Styrodur gelegt werden, die wiederum auf einen Stab gesteckt wird. Die vollflächige Unterlage ist erforderlich, damit das Originalfenster beim Tiefziehen nicht flachgedrückt wird (siehe Bilder).

Und los geht's

Wenn das Material bereit liegt und eine geeignete Vorlage zur Verfügung steht, ist das eigentliche Tiefziehen innerhalb weniger Sekunden erledigt. Die Vorlage wird hierbei am besten auf einen kurzen Stab gesteckt und in einen Schraubstock eingespannt. Dann nimmt man die Folie oder Platte in beide Hände und erwärmt sie vorsichtig über einem Heißluftgebläse. Notfalls kann man eine dünne Folie auch über einem Toaster erwärmen. Grundsätzlich ist es dabei empfehlenswert, robuste Arbeitshandschuhe zu tragen, um sich nicht die Finger zu verbrennen.

Sobald die erwärmte Folie (oder Platte) weich wird, und dabei durchzuhängen beginnt, ist die richtige Temperatur erreicht. Jetzt muss das Kunststoffmaterial zügig (aber ohne Hast!) über die eingespannte Vorlage gezogen werden. Falls es nicht auf Anhieb klappt, kann die Folie für einen erneuten Versuch noch einmal erwärmt werden. Am besten übt man den Vorgang ein paar Mal mit einem Folienrest solange, bis man ein Gefühl für die korrekte Temperatur und das richtige Handling bekommt.

Nach dem Erkalten des Tiefziehteils muss es noch ausgeschnitten werden. Hierzu ist eine kleine und mög-

13 **Das Ergebnis kann sich sehen lassen (mitte). Es ist wesentlich klarer als das nachträglich grün eingefärbte Originalfenster (links).**

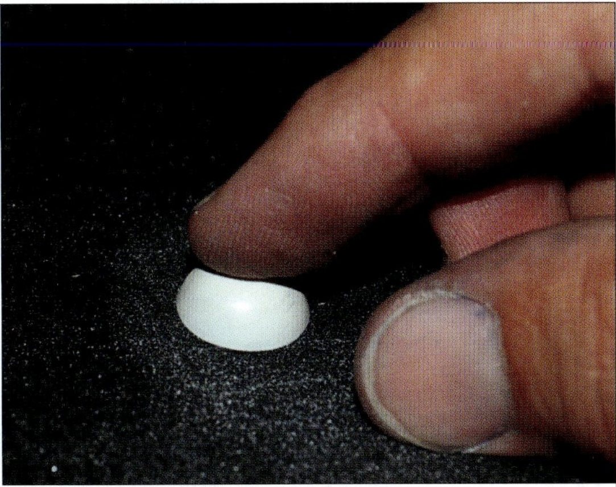

14+15+16+17 Herstellung eines Landescheinwerfers. Als Tiefziehwerkzeug dient eine Hutmutter in geeigneter Größe. Nach dem Ausschneiden des Werkstücks, wurde es auf einem Stück Schleifpapier plan geschliffen. Die Scheinwerferlinse wurde über den polierten, flachen Kopf einer Schlossschraube gezogen.

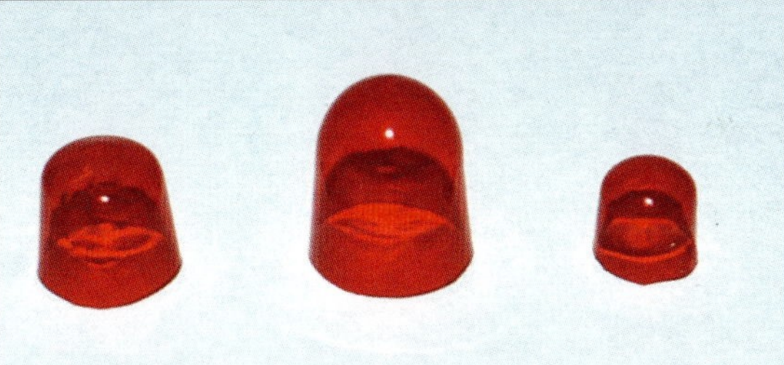

18+19 Weitere Beispiele für einfache, aber effektvolle Tiefziehteile.

lichst scharfe Nagelschere gut geeignet. Nach dem Ausschneiden kann man die Schnittkante bei Bedarf noch auf das genaue Maß zurecht schleifen. Hierbei führt man mit dem Bauteil kreisförmige Bewegungen auf einem flach liegenden Stück Schleifpapier aus. Mit etwas Übung lassen sich auf diese Weise individuelle und dabei sehr preiswerte Kleinteile herstellen, mit denen sich jedes vorbildähnliche Modell deutlich aufwerten lässt. •

Abformen mit Silikonkautschuk

Silikonkautschukformen bieten die Möglichkeit, kleine Bauteile detailgetreu abzuformen. Mit dieser Methode können im Scale-Modellbau kleinere Anbauteile, wie Scharnier- und Tankdeckelattrappen, Steuerknüppelgriffe, Instrumentenbretter oder auch Teile von Pilotenfiguren auf einfache Weise reproduziert werden.

Das Ausgangsmaterial für den Formenbau ist ein synthetisches Elastomer auf Silikonbasis, das zusätzlich mit einem Füllstoff verstärkt ist. Dieser sogenannte Silikonkautschuk ist aufgrund seiner hohen Flexibilität und Elastizität sowie seinen ausgezeichneten Fließeigenschaften im flüssigen Zustand und minimaler Schrumpfung bei der Aushärtung perfekt für den Formenbau geeignet.

Silikonkautschuk gibt es in verschiedenen Sorten mit unterschiedlichen Eigenschaften, die am Ende des Beitrags zusammengefasst sind. Für unsere Zwecke sind

Einem 500 g-Gebinde Silikonkautschuk liegen 10 g Vernetzer bei. Hieraus ergibt sich ein Mischungsverhältnis von 50 : 1, was einer Vernetzer-Zugabe von 2 % entspricht.

besonders die Sorten RTV/NV und RTV/HE interessant. Beide sind niedrigviskos (also besonders fließfähig), wobei die Sorte HE zusätzlich noch hochelastisch ist, wodurch die spätere Form auch stärkere Hinterschneidungen beim Entformen verkraften kann.

Grundsätzlich erfolgt das Abgießen von Bauteilen mit Silikonkautschukformen in drei Schritten. Zunächst muss ein Urmodell beschafft oder angefertigt werden, das als Muster zum Herstellen der Form dient. Im zweiten Schritt wird die eigentliche Silikonkautschukform hergestellt, die ein- oder mehrteilig ausgeführt werden kann. Zuletzt erfolgt das eigentliche Gießen der Werkstücke mit Gieß- oder Epoxidharz.

Urmodell

Das Urmodell dient als Vorlage für unsere späteren Gussteile, die prinzipiell aus allen möglichen Materialen wie Kunststoff, Metall, Holz oder auch Gips bestehen können. Im Modellbau bietet es sich an, die benötigten Urmodelle aus Polystyrol-Platten und -Profilen sowie aus 2K-Spachtelmasse herzustellen. Beispiele dafür sind flache, aufgesetzte Rumpfdetails wie Scharnier- und Tankdeckelattrappen oder auch echte 3D-Objekte wie Pitch- und Steuerknüppelgriffe oder sogar Köpfe von Pilotenfiguren.

Grundsätzlich sollte man beachten, dass die Urmodelle nicht zu dick und nicht zu großflächig ausfallen. Dicken zwischen 2 und 12 Millimetern und Längen oder Breiten bis maximal 150 Millimetern stellen beim Formenbau normalerweise kein Problem dar. Abgesehen von der späteren Entformbarkeit der Werkstücke sollte man beim Urmodellbau aber auch daran denken, dass Silikonkautschuk relativ teuer ist und mit steigender Formengröße unverhältnismäßig mehr Silikonkautschuk benötigt wird, als bei kleinen Formen.

Ein weiterer wichtiger Aspekt beim Urmodellbau ist das Vermeiden von tiefen Ritzen oder Fugen (z.B. beim Verkleben von zwei oder mehr Teilen), da sonst das Silikonkautschuk beim Abgießen ins Urmodell hineinkriechen würde. Nach der Vulkanisation (Aushärtung) des Silikonkautschuks könnte die Form beim Entformen des Urmodells beschädigt werden.

Formenbau

Zuerst muss man sich überlegen, wie man die Form am sinnvollsten anlegen kann. Bei Urmodellen mit flacher, unstrukturierter Rückseite, wie den eingangs erwähnten Scharnierattrappen, genügt eine einteilige Form. Wenn das Urmodell jedoch an der Rückseite eine struktu-

DIE WICHTIGSTEN SILIKONKAUTSCHUK-SORTEN IM ÜBERBLICK

Silikonkautschuk RTV/NV (niedrigviskos)
Die Sorte RTV/NV ist ein besonders fließfähiger Silikonkautschuk mit niedriger Viskosität, der dadurch auch feinste Oberflächendetails gut abbilden kann. Mit seiner mittleren Elastizität ist er gut zur Herstellung von elastischen Formen mit kleineren Hinterschneidungen geeignet.
Typische Anwendungen: Gießformen für alle flachen oder dreidimensionalen Teile mit geringen Hinterschneidungen zum Ausgießen mit Gießharz oder Epoxidharz. Anwendungsbeispiele: Instrumentenbretter, Griffe, Tankdeckel- und Scharnierattrappen, Teile von Pilotenfiguren.

Silikonkautschuk RTV/HE (hochelastisch)
Ähnlich gute Fließeigenschaften wie RTV/NV, aber mit wesentlich höherer Elastizität. Die Sorte RTV/HE ist daher besonders zur Herstellung anspruchsvoller Formen mit stärker ausgeprägten Hinterschneidungen geeignet.
Typische Anwendungen: Gießformen für stark strukturierte Bauteile oder komplexe Figuren zum Ausgießen mit Gießharz oder Epoxidharz.

Silikonkautschuk RTB/HB (hitzebeständig)
Diese Sorte fällt durch ihre rostrote Farbe auf, da sie als zusätzlichen Füllstoff Eisenoxid enthält. Damit ist der RTB/HB zwar etwas weniger elastisch als die anderen Sorten, kann dafür aber kurzfristig Temperaturen von bis zu 400 °C ertragen.
Typische Anwendungen: Gießformen für niedrigschmelzende Metalle wie Zinn, Blei oder deren Legierungen. Im Modellbau wäre damit die Herstellung von besonders zierlichen Teilen, wie komplette Steuerknüppel, aus Zinn möglich, die als Harzteile zu zerbrechlich wären.

BEZUGSQUELLEN

Silikonkautschuk und Trennmittel
▸ www.zitzmann-zentrale.de, Todtmooserstraße 43, 79664 Wehr

Modelliermasse (z.B. Knete von Herlitz)
▸ Spielwarengeschäft

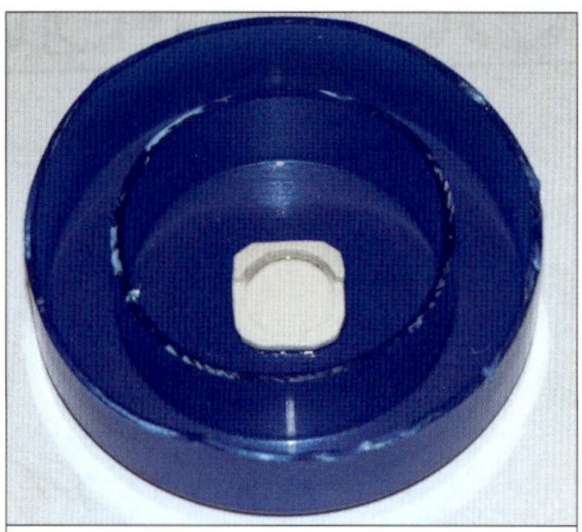

2 Hier dient der abgeschnittene Plastikdeckel einer Spraydose als Formkasten. Das Urmodell (weiß) ist mit Sekundenkleber am Boden fixiert.

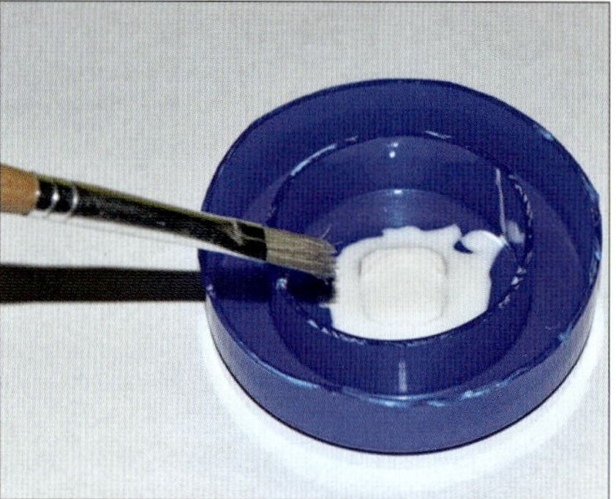

3 Zunächst wird das Urmodell mit einem Pinsel eingestrichen. Hierdurch vermeidet man Lufteinschlüsse und sorgt für eine saubere Abformung.

4 Nach dem Einpinseln des Urmodells wird der Formkasten vollständig mit Silikonkautschuk gefüllt.

5 Sobald die Oberfläche des Silikonkautschuks nicht mehr klebrig ist, kann man die gegossene Form samt Urmodell vorsichtig aus dem Formkasten herauslösen und umdrehen.

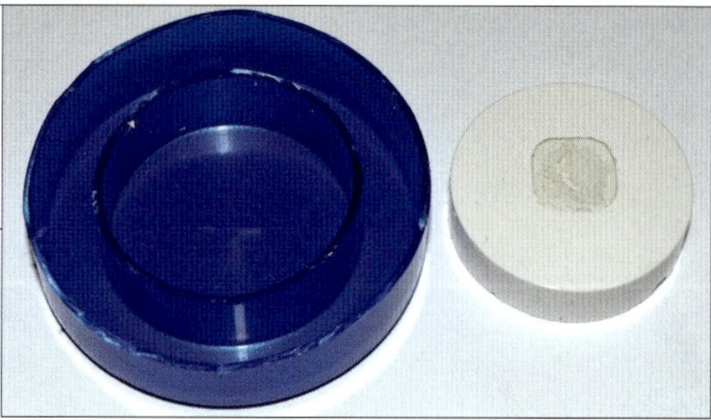

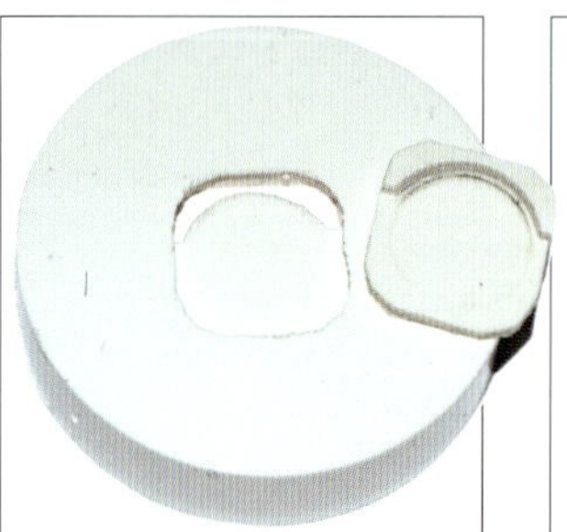

6 Nach dem Herausnehmen des Urmodells ist die neue Form prinzipiell einsatzbereit. Zur Verlängerung der Lebensdauer sollte die Form jedoch rund zwei Tage ruhen.

7 Nachdem die Form mit Harz befüllt ist, kann man eine mit Trennmittel eingestrichene Platte auflegen, damit das Werkstück eine ebene Rückseite erhält. Nach dem Aushärten des Harzes kann die Deckplatte entfernt und das Werkstück entformt werden.

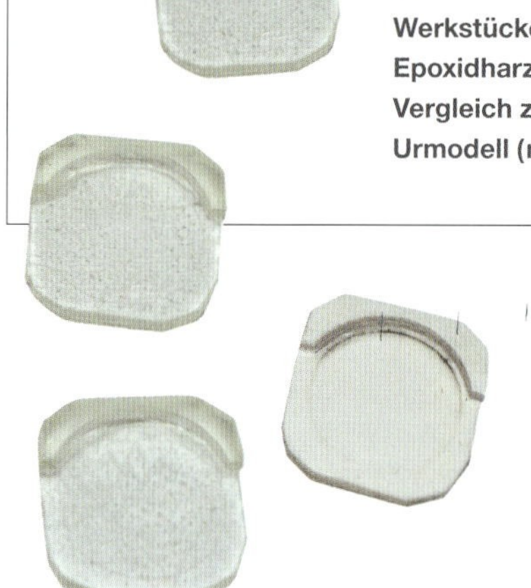

8 Die entformten Werkstücke aus Epoxidharz im Vergleich zum Urmodell (rechts).

rierte Fläche hat, oder – wie beispielsweise der Kopf einer Pilotenfigur – ein echtes 3D-Objekt darstellt, ist mindestens eine zweiteilige Form erforderlich. Aufgrund der Elastizität des Kautschuks stellen kleinere Hinterschneidungen meist kein Problem dar, man darf das Material aber beim Entformen nicht zu stark beanspruchen, da die Form sonst reißen oder ausbrechen kann.

Bevor es mit dem eigentlichen Formenbau losgehen kann, muss man noch einen Formkasten beschaffen (oder bauen), in den der flüssige Silikonkautschuk hineingegossen wird. Hierzu eignen sich beispielsweise kleine Kunststoffbehälter wie Deckel von Spraydosen, Servopackungen oder Kleinteileboxen. Wer will, kann sich

9 **Zur Herstellung mehrteiliger Formen benötigt man, neben kleinen Gefäßen, Rührstäbchen und Pinseln, auch Modelliermasse (Knete) zum Anlegen der Trennebene.**

10 **Bei unserer Pilotenfigur wird die Modelliermasse auch zum Auffüllen des tiefen Spalts zwischen Kopf und Helm verwendet. Dadurch lässt sich das Urmodell später leichter entformen.**

11 **Das Urmodell wird innerhalb des Formkastens ungefähr bis zur Hälfte in die Modelliermasse (Knetmasse) eingebettet. Anschließend muss eine saubere Trennebene modelliert werden. Ganz wichtig: Der flüssige Silikonkautschuk darf nicht zwischen Urmodell und Plastilin eindringen!**

auch einen passgenauen Formkasten aus Legosteinen auf einer Legoplatte aufbauen. Diese Methode bietet sich jedoch vor allem bei zweiteiligen Formen an.

Um nicht unnötig viel (teures) Silikonkautschuk zu verbrauchen, sollte der Formkasten so klein wie möglich ausfallen. Allerdings sollte der Abstand zwischen der Wand des Formkastens und dem Urmodell mindestens 5 Millimeter betragen, während die Höhe um rund 10 Millimeter größer sein soll als die Dicke des Urmodells.

Ein einseitig abzuformendes, flaches Urmodell kann nun einfach mit seiner Rückseite am Boden des Formkastens fixiert werden. Hierzu eignet sich beispielsweise Sekundenkleber oder ein Tropfen Epoxidharz. Die Fixierung ist notwendig, damit das Urmodell beim Übergießen mit Silikonkautschuk nicht verrutscht oder gar aufschwimmt. Zuletzt werden Formkasten und Urmodell mit Trennmittel eingestrichen. Hierzu eignet sich Formen-Trennwachs, Vaseline-Trennmittel oder auch Formen-Trennmittelspray. Gewöhnliche Fette und Öle sind nicht geeignet, da sie den Silikonkautschuk angreifen können.

Ausgießen des Formkastens

Vor dem Anmischen mit Vernetzer muss der Silikonkautschuk in seinem Gebinde gründlich aufgerührt werden. Anschließend kann man die benötigte Menge aus dem Gebinde entnehmen und in einem separaten Gefäß mit dem zugehörigen Vernetzer vermischen. Dabei ist zu beachten, dass man nicht mehr als zwei Prozent des Vernetzers hinzufügt, da dieser sonst vorzeitig aufgebraucht wird.

Wer keine Laborwaage zur Verfügung hat, kann alternativ zum Abwiegen der benötigten Vernetzermenge auch die Tropfen zählen. Hierbei entsprechen 40 Tropfen ungefähr einem Gramm. Nach der Zugabe des Vernetzers muss das Silikonkautschukgemisch mit einem Holzstab (oder Ähnlichem) sehr gründlich vermischt werden.

Nach dem Anmischen wird zunächst nur eine kleine Menge Silikonkautschuk in den Formkasten gegossen und das Urmodell mit einem Pinsel eingestrichen. Hierdurch vermeidet man Lufteinschlüsse und sorgt für eine saubere Abformung. Anschließend wird der Formkasten vollständig mit Silikonkautschuk gefüllt.

»Nach dem Anmischen wird zunächst nur eine kleine Menge Silikonkautschuk in den Formkasten gegossen und das Urmodell mit einem Pinsel eingestrichen.«

Workshop: Silikonkautschukformen

12 Zur späteren Arretierung der beiden Formhälften sind kleine Vertiefungen im Plastilin hilfreich, die beispielsweise mit einem Kugelschreiber eingedrückt werden. Zuletzt müssen Urmodell und Formkasten noch mit Trennmittel eingestrichen werden.

Wenn die Oberfläche des Silikonkautschuks im Formkasten trocken und nicht mehr klebrig ist, kann man die gegossene Form langsam und vorsichtig aus dem Formkasten herausnehmen. Da die vollständige Vulkanisation des Silikonkautschuks, je nach Umgebungstemperatur, bis zu zwei Tage dauern kann, sollte man solange warten, bevor man die ersten Bauteile gießt. Hierdurch wird die Lebensdauer und damit auch die Anzahl der möglichen Abgüsse deutlich erhöht.

Zweiteilige Formen

Bei dreidimensionalen Bauteilen, in unserem Beispiel dem Kopf einer Pilotenfigur, muss das Urmodell innerhalb des Formkastens ungefähr bis zur Hälfte in Plastilin Modelliermasse (Knete) eingebettet werden. Hierbei wird eine Trennebene in die Knete modelliert, die ringsum sauber am Urmodell anliegen muss, damit später kein Silikonkautschuk eindringen kann. Zur späteren Arretierung der beiden Formhälften empfiehlt es sich, kleine Vertiefungen in das Plastilin zu drücken.

Im Gegensatz zur offenen, einteiligen Form benötigt die zweiteilige Form eine Öffnung, durch die das Gießharz eingefüllt werden kann und bei Bedarf noch eine weitere Öffnung zum Entweichen der Luft. Derartige Kanäle kann man durch Einle-

13 Auch hier wird das Urmodell zunächst mit einem Pinsel eingestrichen und vollständig mit Silikonkautschuk übergossen, bis der Formkasten gefüllt ist. Damit die Vulkanisation auch wirklich vollständig erfolgt, müssen Silikonkautschuk und Vernetzer vorher sehr gründlich vermischt werden.

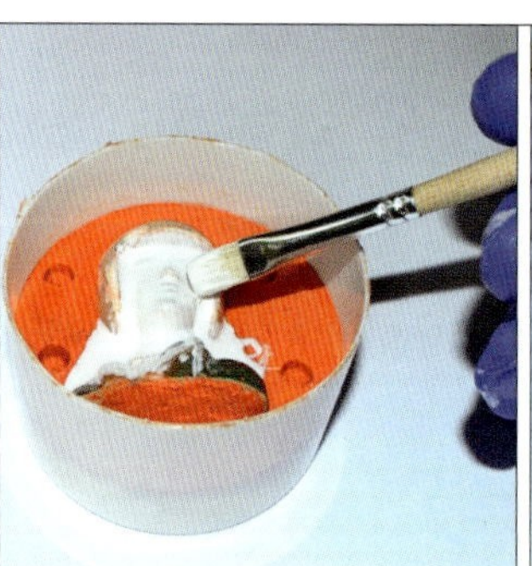

14 Nach der Vulkanisation des Silikonkautschuks wird die fertige Formhälfte umgedreht in den Formkasten eingesetzt und das Urmodell wieder passend eingelegt. Dann wird alles wieder mit Trennmittel eingestrichen.

15 Abschließend wird die zweite Formhälfte gegossen.

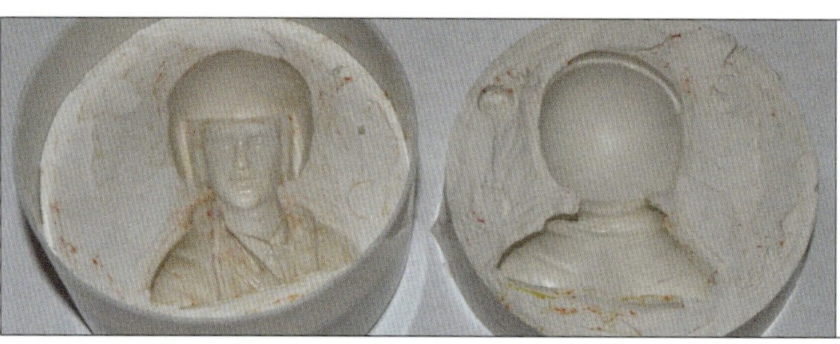

16 Hier ist die zweiteilige Form bereits fertig. Alle Details des Urmodells sind in den Formhälften präzise abgebildet.

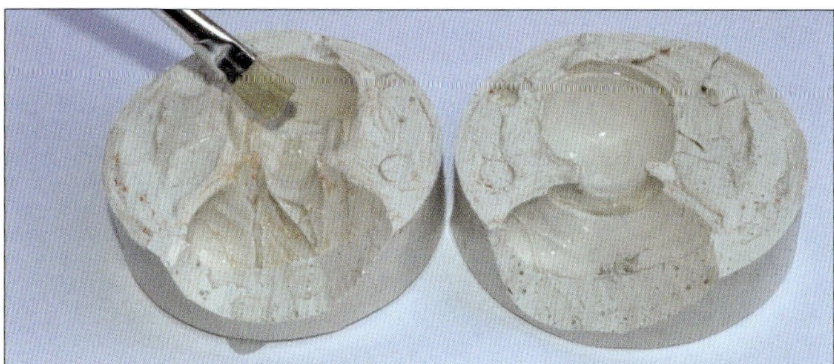

17 **Vor dem Gießen des ersten Werkstücks muss die neue Silikonkautschukform sehr gründlich mit Trennmittel eingestrichen werden. Idealerweise lässt man die Form vor dem ersten Abguss noch mehrere Tage stehen.**

18 **Zum Gießen von Werkstücken eignet sich dünnflüssiges Laminierharz besonders gut. Nach dem Anrühren sollte man die Harzmischung kurz stehen lassen, damit sich die Luftblasen auflösen können.**

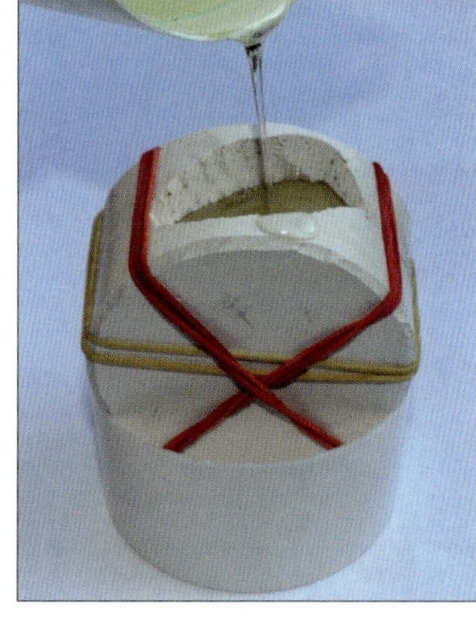

19 **Beim Gießen des Werkstücks werden die Formhälften mit Gummiringen zusammengehalten. Zum Einfüllen des Harzes wurde eine Öffnung in die Form geschnitten.**

gen von dünnen Kunststoffstäben oder Drähten in den Formkasten erzeugen.

Abschließend werden Urmodell und Formkasten mit Trennmittel behandelt und das Urmodell, genau wie bei der einteiligen Form, zunächst mit dem vorbereiteten Silikonkautschuk eingepinselt und dann übergossen. Wenn die erste Formhälfte verfestigt ist, wird sie ohne Urmodell und Knete aus dem Formkasten genommen und umgedreht. Nach dem Entfernen der übrigen Modelliermasse wird das Urmodell wieder passgenau in die Formhälfte gelegt und das Ganze erneut in den Formkasten eingesetzt.

Nach der obligatorischen Trennmittelbehandlung, wobei hier besonders die Silikonkautschukform sehr gründlich eingestrichen werden muss, wird die zweite Formhälfte gegossen. Nach der Verfestigung des Silikonkautschuks erhält man eine abnehmbare zweite Formhälfte, die exakt auf die erste Formhälfte passt. Damit ist unsere Form für den ersten Abguss bereit. •

20 **Nach gründlichem Aushärten des Laminierharzes (min. 12h), kann das erste Werkstück entformt werden. Nach erneutem Einstreichen mit Trennmittel ist die Form sofort wieder einsatzbereit.**

Cockpit-Türen

Funktionsfähige Cockpit-Türen sind an Scale-Modellen das gewisse i-Tüpfelchen und werten das Gesamterscheinungsbild deutlich auf. Wir zeigen, wie mit einfachen Mitteln z.B. Türscharniere erstellt werden können.

Bei Vorbildhubschraubern kommen unterschiedliche Arten von Türscharnieren vor. Bei den hinteren Kabinentüren sind die Scharniere oft von außen aufgesetzt.

Im ersten Schritt wird die Tür mit einer feinen Schleifscheibe aus dem Rumpf ausgeschnitten – hierbei kann man sich oft an der angedeuteten Trennlinie orientieren. Falls nicht, sollte die Kontur der Türöffnung vor dem Ausschneiden sorgfältig angezeichnet werden.

Da beim Ausschneiden zwangsläufig Material verloren geht, müssen die ausgeschnittenen Türen an den Kanten aufgefüttert werden, damit sie später wieder sauber in die Rumpföffnung passen. Hierzu sind Glasfaserstreifen und Laminierharz sowie 2K-Spachtel gut geeignet. Bei weißen Türen kann man auch weißes Gelcoat, wie z.B. Yachticon Reparaturspachtel »Reinweiß« verwenden und sich so das spätere Lackieren sparen.

Die eigentlichen Scharniere kann man selbst aus dünnem Alublech (wie beispielsweise Lithoblech) und Draht herstellen. Falls kein Lithoblech zur Verfügung steht, kann man notfalls auch Blech von Alu-Getränkedosen verwenden. Diese Bleche haben normalerweise eine Stärke von 0,15 bis 0,20 Millimeter und können problemlos mit einer Haushaltsschere zugeschnitten werden.

2 **Im ersten Schritt wird die am Rumpf angedeutete Tür mit einer feinen Trennscheibe möglichst exakt ausgeschnitten.**

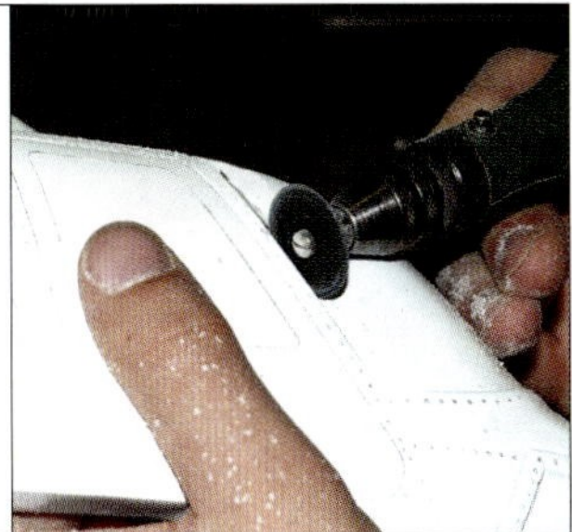

3 **Da die Trennfugen beim Herausschneiden zwangsläufig breiter als die später vorgesehenen Türfugen werden, muss die ausgeschnittene Tür um 1 bis 2 mm verbreitert werden. Hierzu wird zunächst auf der Rückseite etwas Glasgewebe mit Sekundenkleber angebracht.**

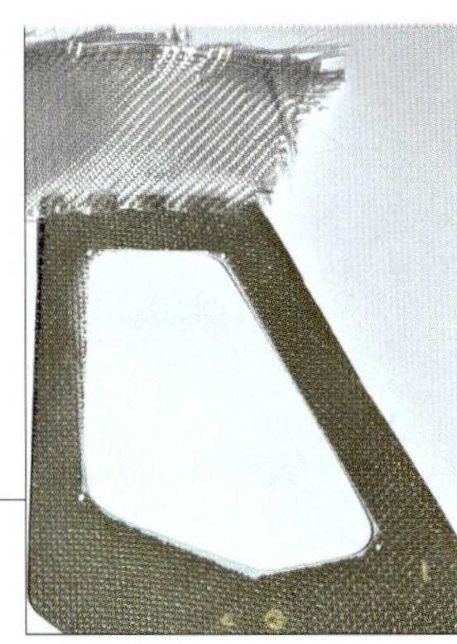

4 **Zusätzlich wird das Glasgewebe mit dünnflüssigem Laminierharz eingestrichen. Nach dem Aushärten kann das zusätzliche Laminat auf die gewünschte Breite zugeschnitten werden.**

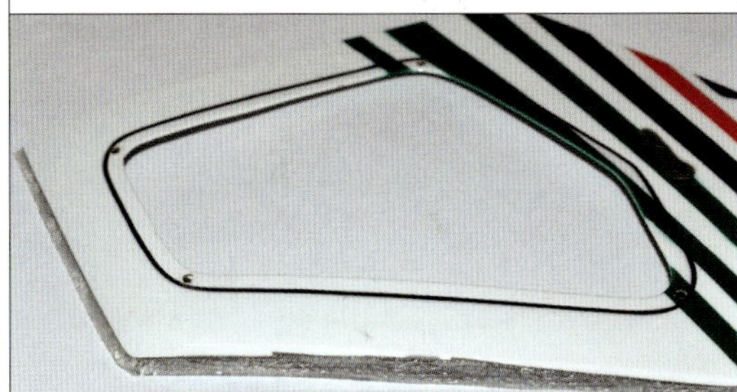

5 **Abschließend wird das zugeschnittene Laminat verspachtelt. Hierzu kann man entweder 2K-Spachtel oder weißes Gelcoat verwenden. Gelcoat hat hierbei den Vorteil, dass es nach dem Härten poliert werden kann, so dass bei einer weißen Tür kein Nachlackieren erforderlich ist.**

6 **Die Scharniere entstehen aus 1 mm starkem Stahldraht und 0,15 mm starkem Lithoblech. Das Blech wird um den Draht herumgebogen.**

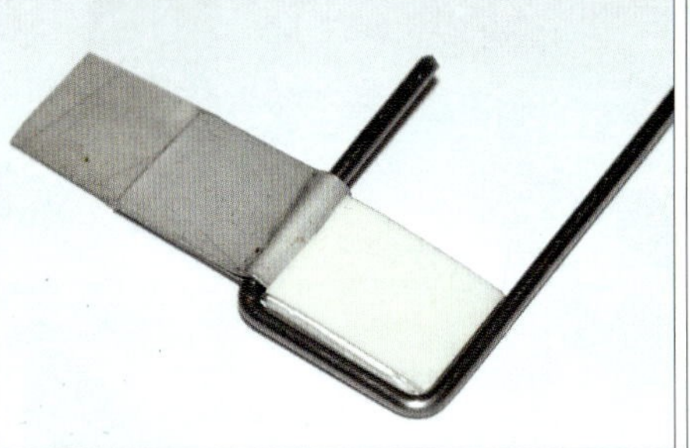

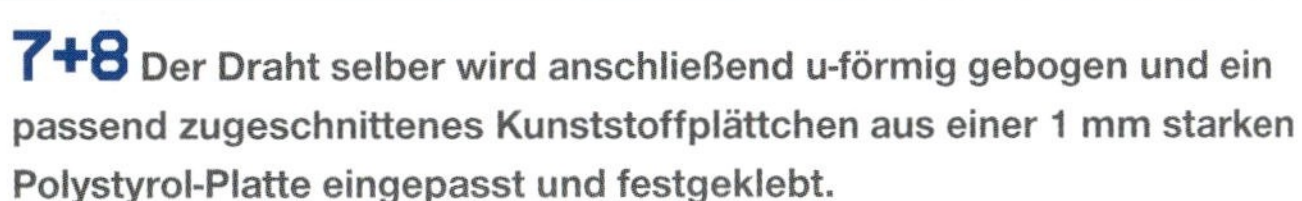

7+8 **Der Draht selber wird anschließend u-förmig gebogen und ein passend zugeschnittenes Kunststoffplättchen aus einer 1 mm starken Polystyrol-Platte eingepasst und festgeklebt.**

Der Bau des Scharniers beginnt mit dem Ausschneiden eines schmalen Blechstreifens. Dieser wird um einen abgewinkelten Stahldraht gebogen und dabei mit einer Flachzange so zusammengedrückt, dass die beiden Enden dicht aufeinanderliegen. Anschließend wird der Draht wieder herausgezogen und das entstandene Scharnierband mit Sekundenkleber (oder Epoxy) verklebt.

Der Draht selber wird anschließend U-förmig gebogen und das zusammengeklebte Scharnierband wieder aufgesteckt. Dann wird ein passend zugeschnittenes Kunststoffplättchen aus einer 1 mm starken Polystyrol-Platte so eingepasst, dass sich das aufgesteckte Scharnierband noch bewegen lässt und abschließend mit Sekundenkleber am Draht befestigt.

Nach dem Kürzen des Aluscharnierbands und des Drahts ist das Scharnier im Rohbau fertig und kann an der Tür festgeklebt werden. Bei Bedarf sollte die vorge-

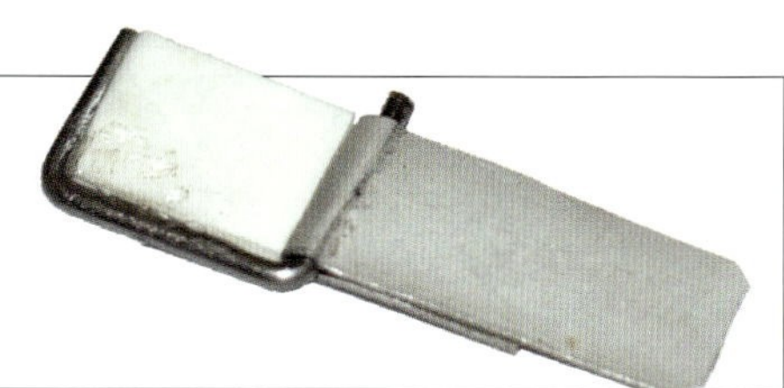

9 Bei der Montage des Scharniers muss beachtet werden, dass der Blechstreifen das bewegliche Teil des Scharniers wird und daher nicht mit dem Draht oder dem Kunststoffplättchen verklebt werden darf.

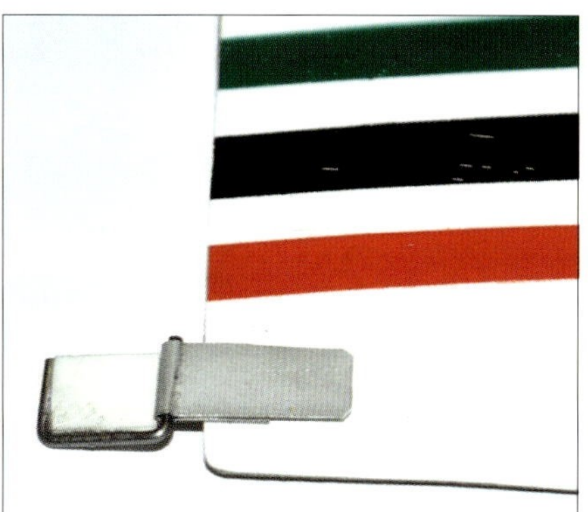

10 Die fertigen Scharniere werden dann jeweils mit dem Blechstreifen an die Tür geklebt.

11 Zum Anpassen der Tür an die Rumpfwölbung dient ein Draht, der von innen mit Epoxy an der Tür befestigt wird.

12+13 Zur Verbesserung der Optik und Erhöhung der Stabilität werden die Scharniere nach dem Festkleben am Rumpf mit abgewinkelten Alublechen abgedeckt. Zum Kleben eignet sich dickflüssiger Sekundenkleber oder Epoxy-Kleber.

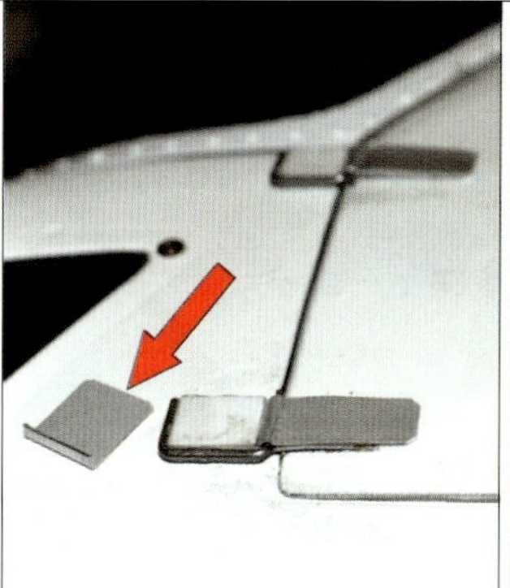

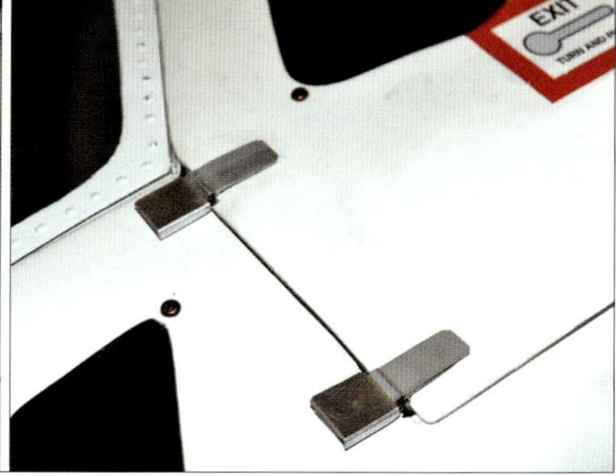

sehene Klebestelle an der Tür von Lack befreit und mit Schleifpapier angeraut werden.

Vor dem Einpassen der Tür in den Rumpf werden von innen schmale Polystyrol-Streifen an die Rumpföffnung geklebt, die später als Auflage für die Tür dienen. Da die Rumpfinnenseite meist eine raue Oberfläche hat, sollte zum Kleben dickflüssiger Sekundenkleber (oder Epoxy) verwendet werden. Bei Bedarf kann man die Polystyrol-Streifen noch zusätzlich mit Glasgewebe verstärken.

Beim Einpassen der Türen ist es in manchen Fällen hilfreich, wenn man von innen einen weichen Stahldraht mit Epoxy an die Tür klebt. Das

BEZUGSQUELLEN

Sekundenkleber/Industriekleber:
- Kempf Klebstoffprodukte, www.kempf-klebstoffprodukte.de

Yachticon Polyester Reparaturspachtel:
- Yachticon A. Nagel GmbH, www.yachticon.de

Glasgewebe & Laminierharz:
- R&G Faserverbundwerkstoffe GmbH, www.r-g.de

Lithoblech:
- Offsetdruckereien auf Anfrage (Restmaterial)

14+15 Im geschlossenen Zustand wird die Cockpit-Tür von zwei kleinen Magneten gehalten, die zuvor mit Sekundenkleber in entsprechend aufgebohrte Sperrholzplättchen eingeklebt wurden.

16 Die Gegenmagnete werden von innen direkt an die Tür geklebt. Die Leiste im unteren Bereich verleiht der Tür mehr Steifigkeit und dem Türmagneten mehr Halt.

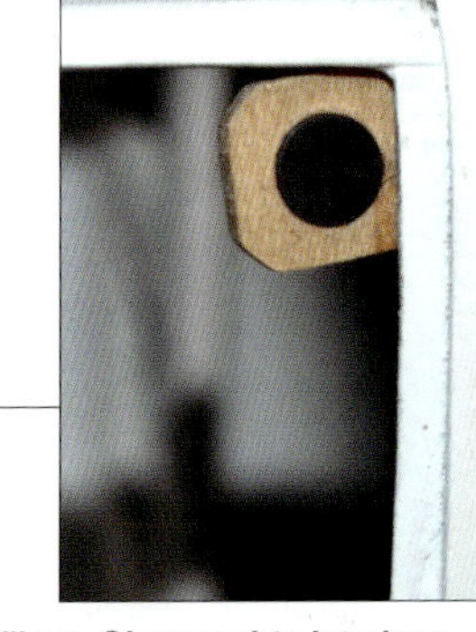

17 Der Türrahmen am Rumpf wurde von innen mit Polystyrol-Streifen verstärkt, auf denen die Tür im geschlossenen Zustand aufliegt. Oben rechts ist einer der beiden Schließmagnete erkennbar.

18 Beim Vorbild ist der Türgriff versenkt und wurde daher beim Modell als Abziehbild (Decal) aufgeklebt. Zum Öffnen der Tür dient eine unauffällige M3-Inbusschraube.

19 Die funktionsfähige Cockpit-Tür dient hier zum schnellen Akkuwechsel. Bei vollausgebauten Scale-Modellen können funktionsfähige Cockpit- und Kabinentüren auch interessante Einblicke ins Innere des Modells ermöglichen und so den vorbildgetreuen Eindruck abrunden.

Epoxy bleibt auch nach dem Aushärten noch soweit elastisch, so dass die Tür samt Draht vorsichtig zurecht gebogen und auf diese Weise an die Rumpfwölbung angepasst werden kann.

Wenn alles passt, wird die Tür in geschlossener Position mit Klebeband am Rumpf fixiert und die zuvor an der Tür befestigten Scharniere mit der freien Seite am Rumpf festgeklebt. Auch hier sollten die vorgesehenen Klebestellen zuvor gut aufgeraut werden.

Zur Verbesserung der Optik und Erhöhung der Stabilität werden die rumpfseitigen Teile der Scharniere nach dem Festkleben mit abgewinkelten Alublechen abgedeckt und mit dickflüssigem Sekundenkleber (oder Epoxy) befestigt.

Im geschlossenen Zustand wird die Tür von zwei Magneten gehalten. Hierfür sind runde Magnete gut geeignet, da diese recht einfach in entsprechende Bohrungen eingesetzt werden können (siehe Fotos). An der Tür werden die Gegenmagnete einfach mit dickflüssigem Sekundenkleber von innen festgeklebt.

Zuletzt wird noch ein Türgriff zum Öffnen der Tür benötigt. In unserem Beispiel haben wir einfach eine M3-Inbusschraube als Türknopf in den angedeuteten »Scale-Türgriff« hineingedreht. •

Instrumententafeln
im Eigenbau

Das Cockpit ist der zentrale Arbeitsplatz eines jeden Hubschraubers und fasziniert aufgrund seiner zahlreichen Anzeigen und Bedienelemente. Auch bei unseren vorbildähnlichen Modellen sollte die Instrumententafel als Blickfang nicht fehlen.

1 Eine klassische Instrumententafel im Cockpit einer Sikorsky S-58. Zur Beleuchtung ist jedes Instrument im oberen Bereich mit einer bogenförmigen Blende ausgestattet, die mehrere Birnchen beinhaltet.

2 Auch die Bell UH-1D der Bundeswehr ist mit konventionellen Rundinstrumenten ausgestattet. Diese werden von mehreren Lampen von oben indirekt beleuchtet. Zur Vermeidung störender Lichtreflexe beim Fliegen mit Nachtsichtbrillen ist die Instrumententafel schwarz lackiert.

Bevor wir loslegen, wollen wir aber erst einmal einen Blick in verschiedene Original-Cockpits werfen. Hierbei kann man entdecken, dass es im wesentlichen zwei Arten von Instrumententafeln gibt: Zum einen die klassischen »Uhrenläden« mit zahlreichen, mechanischen Rundinstrumenten, wie man sie beispielsweise in einer Bell UH-1D findet und zum anderen die modernen Glas-Cockpits mit hintergrundbeleuchteten Multifunktions-Displays von EC 135 und Co.

Im folgenden Workshop soll der Nachbau eines Bell UH-1H-Cockpits im Maßstab 1:8 vermittelt werden, aber selbstverständlich sind die hierbei angewandten Techniken auch für andere Cockpits und Baugrößen anwendbar. Grundsätzlich sollte beim Nachbau von Instrumententafeln beachtet werden, dass die Instrumente bei un-

3 **Bei dieser Sikorsky CH-53G ist deutlich erkennbar, dass die Rundinstrumente indirekt von vorne beleuchtet werden.**

4 **Unsere Vorlage für die Instrumententafel einer amerikanischen Bell UH-1H aus den 1970er Jahren. Zu dieser Zeit waren die Instrumentenbretter noch hellgrau lackiert.**

seren Vorbildern nicht willkürlich auf dem Instrumentenbrett verteilt sind, sondern immer nach Funktionsgruppen angeordnet werden. Hier gibt es zum Beispiel das sogenannte »Basic-T«, das die Anordnung von Künstlichem Horizont, Höhenmesser, Fahrtmesser und Kurskreisel vorgibt.

Klassischer »Uhrenladen«

Als Vorlage für unser Instrumentenbrettmodell dient die Abbildung einer originalen Bell UH-1H-Instrumententafel, die gescannt und anschließend am Computer auf die benötigte Größe skaliert wurde. Anhand dieser Vorlage haben wir die Kontur der Instrumententafel aus zwei Millimeter starkem Flugzeugsperrholz ausgesägt und grundiert.

Da unser Modell eine amerikanische Maschine aus den 1970er Jahren zum Vorbild hat, wird unsere Instru-

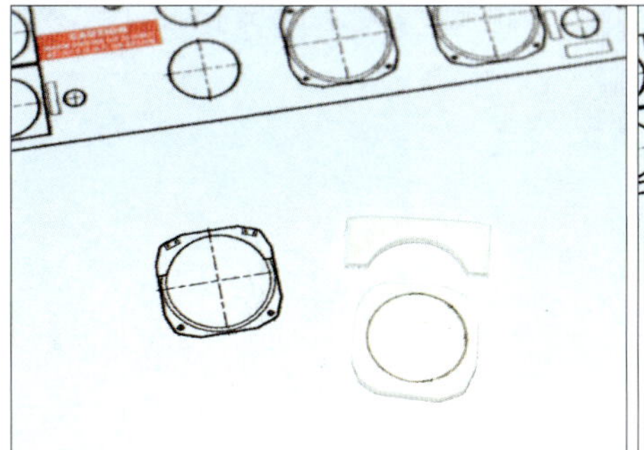

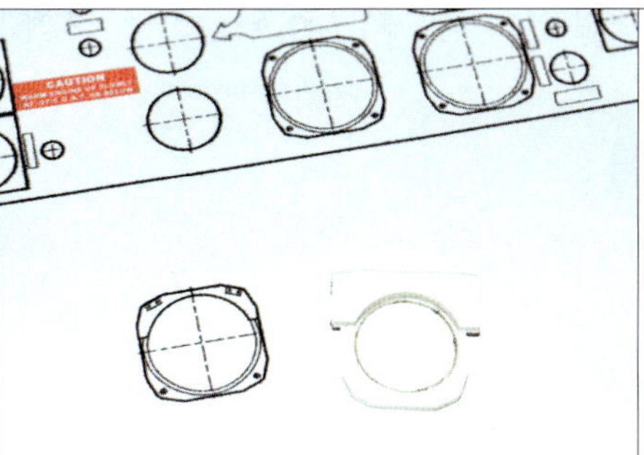

5+6 **Das Instrument und die Blende für die Beleuchtung werden aus einer 1 mm starken Polystyrol-Platte ausgeschnitten. Vor dem Ausschneiden der Blende haben wir mit einem kleinen Schleifzylinder die halbrunde Form am Rand der Platte geschliffen.**

7 **Die Blende wird mit der halbrunden Aussparung am aufgezeichneten Ziffernblatt ausgerichtet und mit Plastikkleber (Plastikmodellbau) befestigt.**

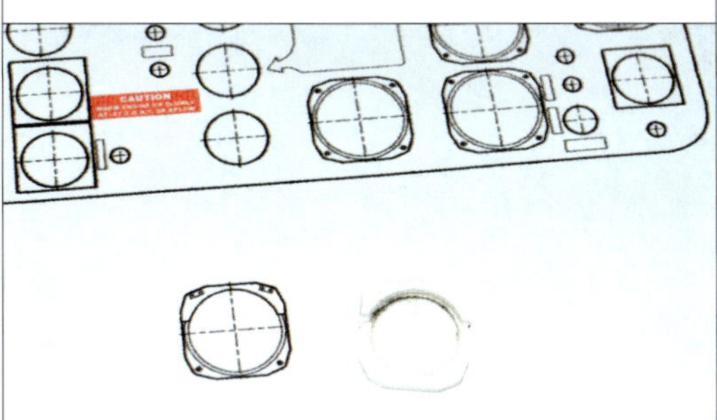

8 **Nach dem Aushärten des Klebers wird die Blende anhand der Außenkontur des Instruments zugeschliffen.**

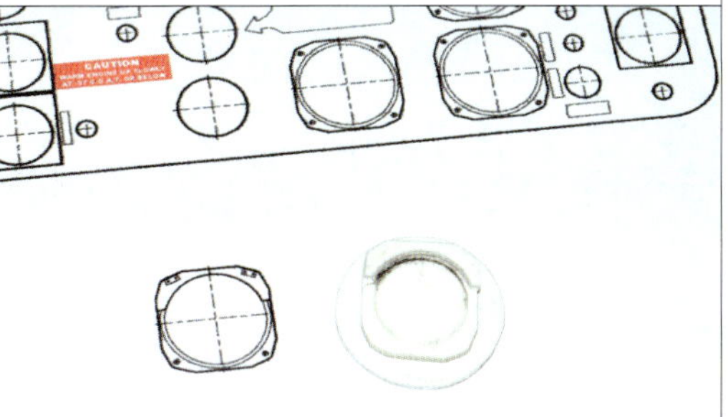

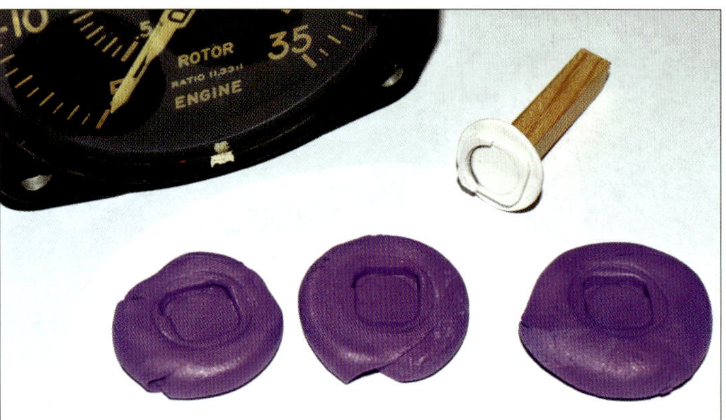

9 Das fertige Instrument wird mit Plastikkleber auf eine kleine Polystyrol-Platte geklebt und mit einem Holzgriff versehen. Auf diese Weise ist ein »Instrumenten-Stempel« entstanden, mit dem sich Negativformen in Knetmasse drücken lassen.

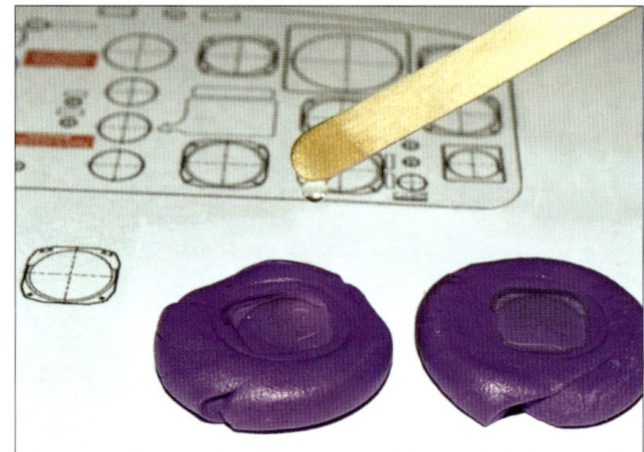

10 Die Knetformen werden mit dünnflüssigem Laminierharz gefüllt. Dabei sollte darauf geachtet werden, dass sich keine Luftbläschen im Harz befinden. Einzelne Bläschen im Harz kann man vorsichtig mit einem Zahnstocher entfernen.

11 Die fertigen Instrumentengehäuse nach dem Aushärten des Harzes. Nach dem Entfetten mit Spiritus können die Instrumentengehäuse mit Modellbaufarbe schwarz bemalt werden.

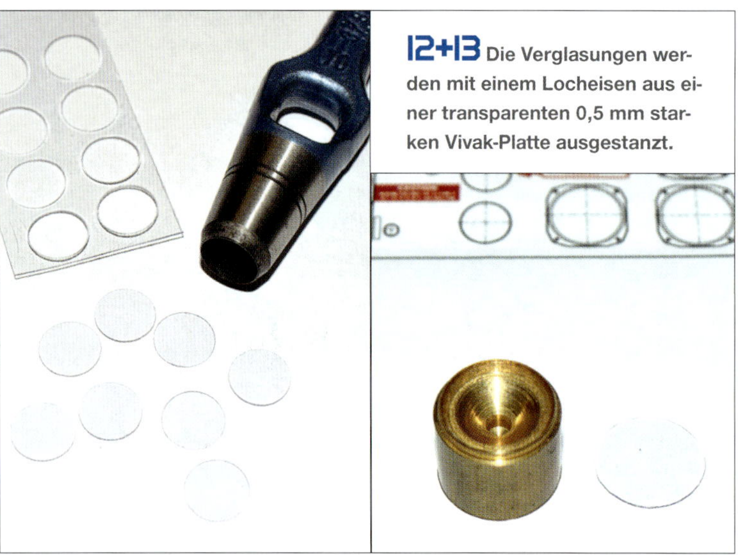

12+13 Die Verglasungen werden mit einem Locheisen aus einer transparenten 0,5 mm starken Vivak-Platte ausgestanzt.

mententafel hellgrau lackiert. Bei späteren Versionen der Bell UH-1 wurden die Instrumententafeln schwarz lackiert, damit beim Fliegen mit Nachtsichtbrillen keine störenden Lichtreflexionen auftreten.

Die eigentlichen Instrumente entstehen aus verschiedenen Materialien wie Kunststoffplatten, Klarsichtfolie und Epoxidharz. Die Basis für jedes Instrument bildet ein gegossenes Instrumentengehäuse aus Harz, das nach dem Aushärten mit schwarzer Farbe bemalt wird.

Instrumentenbau

Zur Herstellung der Gießformen wird zunächst ein einzelnes Instrumentengehäuse aus Polystyrol-Platten aufgebaut. Diese Master-Gehäuse dient dann als »Stempel« mit dem einzelne Negativformen in weiche Knetmasse (Plastilin) gedrückt werden. Anschließend werden die Knetformen mit dünnflüssigem Epoxidharz gefüllt. Nach dem Aushärten des Harzes können die fertigen Instrumente entformt und schwarz bemalt werden.

BEZUGSQUELLEN

Locheisen 10 mm
▸ Baumarkt/ Werkzeugfachhandel

Laminier-Harz
▸ www.r-g.de

Polystyrol-Platte, weiß, 1 mm
▸ www.architekturbedarf.de

Vivak-Platte 0,5 mm
▸ www.architekturbedarf.de

Sperrholzplatte 2 mm
▸ Graupner Modellbau/ Fachhandel

14+15 **Die ausgestanzten Verglasungen werden mit 5-Minuten-Epoxy direkt auf die Ziffernblätter eines passend skalierten Fotodrucks geklebt und anschließend gemeinsam ausgeschnitten.**

16 **Nach dem Aufkleben der »verglasten« Ziffernblätter auf die zuvor bemalten Instrumentengehäuse sind unsere Mini-Instrumente fertig.**

Jetzt fehlen noch die Ziffernblätter und die Verglasungen. Letztere werden mit einem geeigneten Locheisen aus einer transparenten Vivak-Platte ausgestanzt und anschließend auf die Ziffernblätter eines passend skalierten Fotodrucks geklebt. Hierzu eignet sich beispielsweise 5-Minuten-Epoxy sehr gut. Nach dem Aushärten des Harzes werden die einzelnen Ziffernblätter dann rund um die aufgeklebten Verglasungen ausgeschnitten und auf die zuvor bemalten Instrumentengehäuse geklebt.

Zuletzt werden die fertigen Instrumente mit Epoxy auf das vorbereitete Instrumentenbrett geklebt, das bei Bedarf noch mit Hinweis- und Warnbeschriftungen ergänzt werden kann. Diese kann man beispielsweise auf Decal-Folie drucken und anschließend auf das Instrumentenbrett übertragen. •

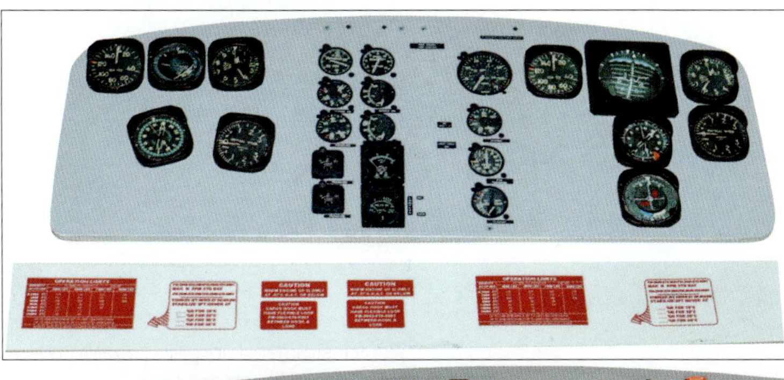

17 **Zuletzt werden die fertigen Instrumente auf eine grau lackierte Instrumententafel aus 2 mm starkem Sperrholz geklebt. Die kleineren Instrumente (Mitte) und die Beschriftungen im Vordergrund wurden auf Decal-Folie gedruckt.**

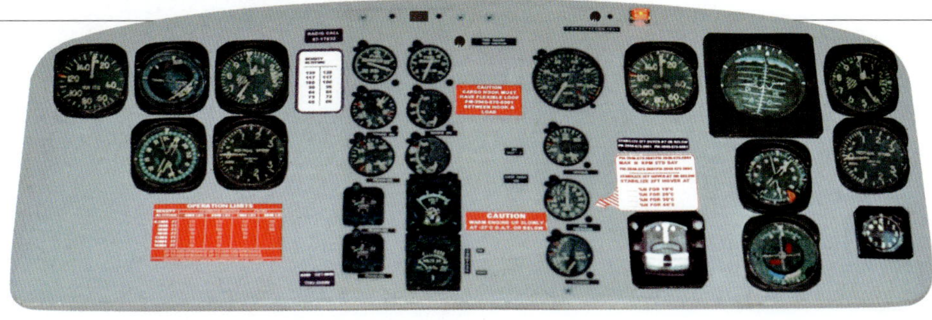

18 **Die einbaufertige Instrumententafel mit allen Beschriftungen und Schalterattrappen. Als i-Tüpfelchen haben wir noch eine rote SMD-LED als funktionsfähiges »Master Caution Light« angebracht.**

ZS-HMD

Step by step
zum sicheren
Helipiloten
Basiswissen für
Basiswissen für Modellhelipiloten – Aufbau und Grundeinstellung von Modellhelicoptern

SIMULATOREN TRAININGSHILFEN
HECKSCHWEBEN NASENSCHWEBEN
PIROUETTEN LANDEANFLUG
Step by step
zum sicheren
Helipiloten
Basiswissen für
Modellhelipiloten
2
Tobias Wilhelm
Markus Fiehn
FLUGTRAINING vom
Schwebe- bis zum Rundflug
Modellsport Verlag
Baden-Baden
ROTOR
EDITION

ROLLE LOOPING KUBAN-ACHT
RAINBOWS KLEEBLATT ROLLENKREIS
FUNNEL PIROFLIP
Step by step
zum sicheren
Helipiloten
Basiswissen für Modellhelipiloten, Band 3 – Flugtraining vom Looping bis zum Piroflip
Basiswissen für
Modellhelipiloten
3
Tobias Wilhelm
FLUGTRAINING vom
Looping bis zum Piroflip
Modellsport Verlag
Baden-Baden
ROTOR
EDITION

Hot Tube

Abgasrohre selbst erstellen und Hitzeverfärbungen auftragen

Moderne Turbinenhubschrauber weisen oft auffällige Hitzeverfärbungen an Abgasrohren auf, die natürlich auch an einem Scale-Modell nicht fehlen sollten. Im nachfolgenden Workshop erfahren Sie, wie man vorbildgetreue Abgasrohrattrappen aus Alublech selbst herstellt und bei Bedarf mit spektakulären Hitzeverfärbungen versehen kann.

Im ersten Schritt wird ein dreidimensionales Papiermodell des gewünschten Abgasrohrs erstellt. Am einfachsten gelingt dies, wenn man zunächst eine Papierrolle mit dem erforderlichen Durchmesser zusammenklebt und am Vorderende die benötigte Schräge einschneidet. Anschließend trennt man die Rolle an der Hinterseite wieder auf und glättet das Papier, so dass eine zweidimensionale Schablone entsteht.

Die Papierschablone wird dann auf ein 0,2 Millimeter starkes Alublech gelegt und die Kontur der Schablone mit einer scharfen Schere aus dem Blech herausgeschnitten. Vorsicht, die Schnittkanten im Blech können

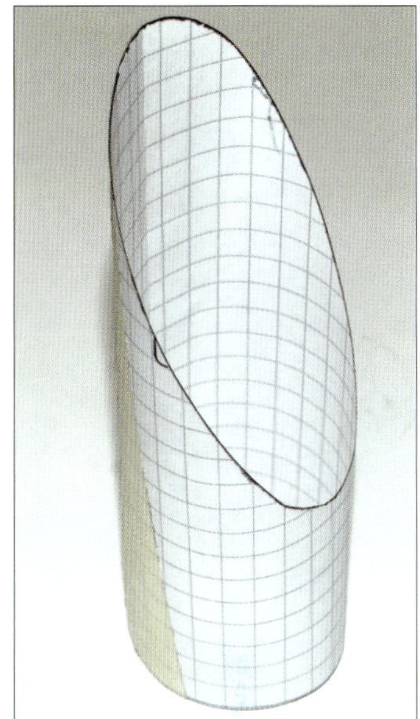

I **Ein Papiermodell dient als Vorlage zum Bau unseres geplanten Abgasrohrs.**

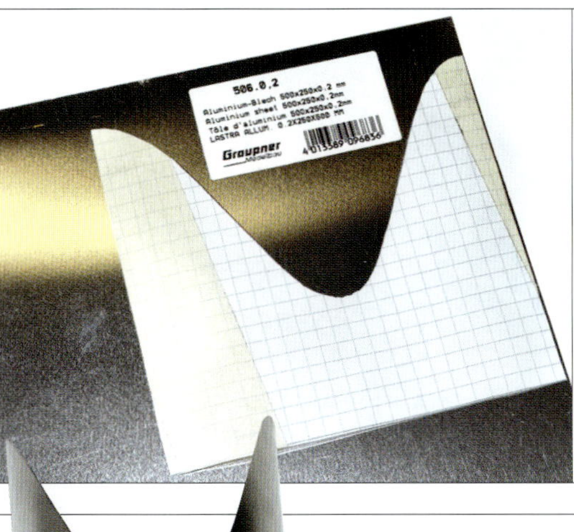

2 **Das Papiermodell wird an der Rückseite aufgeschnitten und als Schablone auf das Alublech (0,2 mm) gelegt.**

3 **Das Blech wird mit einer scharfen Schere entsprechend der Papierschablone ausgeschnitten. Anschließend werden die scharfen Schnittkanten mit Schleifpapier entgratet.**

nach dem Ausschneiden sehr scharf sein und müssen mit Schleifpapier entgratet werden.

Das Biegen und Verkleben des ausgeschnittenen Blechstücks erfolgt am besten mit Hilfe eines passenden Rundmaterials. Hierbei ist nahezu jedes Material geeignet, angefangen vom Kunststoffbesenstiel bis hin zum Alu- oder Messingrohr. Wichtig ist nur, dass das Rundmaterial gut eingefettet wird, damit das Werkstück später nicht daran festklebt.

Zum groben Fixieren des Blechstücks beim Verkleben haben sich Kabelbinder gut bewährt. Zum Kleben eignet sich am besten ein Epoxy-Kleber, wie beispielsweise UHU Endfest 300, mit dem die Klebekante dünn eingestrichen wird. Anschließend zieht man ein Stück Schrumpfschlauch über das verklebte Blech und schrumpft das Werkstück heiß ein, wodurch der Klebefalz optimal zusammengepresst wird.

Nach dem Aushärten der Klebeverbindung werden die Kabelbinder und der Schrumpfschlauch wieder entfernt und das Abgasrohr mit Lösungsmittel von Kleberesten gereinigt. Anschließend kann man die Blechoberfläche mit Chrompolitur aufpolieren, wodurch nach dem späteren Lackieren ein schöner Metallic-Effekt entsteht.

4 **Das vorbereitete Blechstück wird um ein Rundmaterial mit geeignetem Durchmesser gebogen und mit Kabelbindern fixiert.**

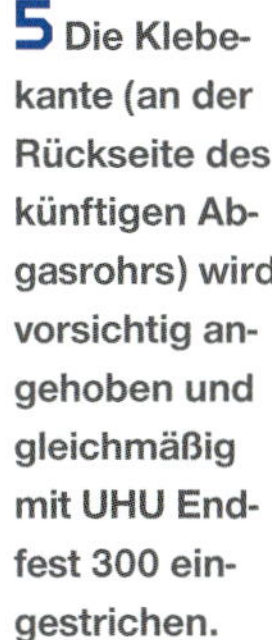

5 **Die Klebekante (an der Rückseite des künftigen Abgasrohrs) wird vorsichtig angehoben und gleichmäßig mit UHU Endfest 300 eingestrichen.**

Workshop: Abgasrohre selbst erstellen

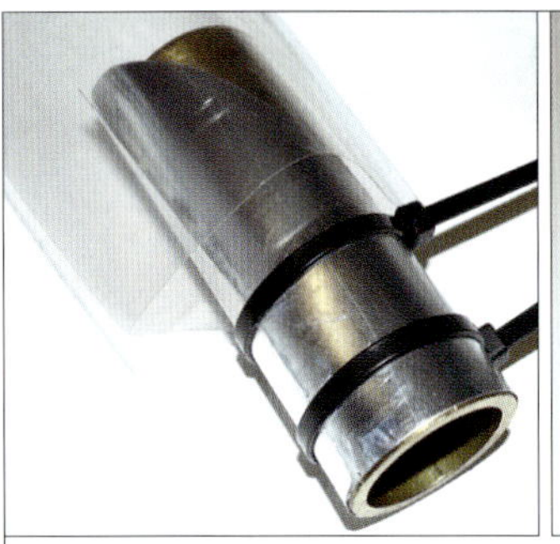

6+7 **Nach dem Kleben wird das ganze Bauteil mit Schrumpfschlauch überzogen und heiß verschrumpft. Hierdurch entsteht eine flache, saubere Klebenaht.**

Bevor es ans Lackieren geht, muss das Abgasrohr innen und außen sorgfältig entfettet werden; hierfür kann man beispielsweise Spiritus verwenden. Nach dem Entfetten wird zunächst die Innenseite des Rohrs mit mattschwarzem Modellbaulack gespritzt. Zuvor sollte man die Außenseite mit Malerkrepp abkleben, damit sich auf dem glänzenden Metall kein Farbnebel niederschlägt.

Hitzeverfärbungen

Da Alublech bereits bei rund 660 Grad schmilzt, ist es bei unseren Abgasrohrattrappen nicht möglich, echte Hitzeverfärbun-

8 **Bei Bedarf kann man überstehende Teile der Klebenaht auch zusätzlich mit Klammern sichern.**

9 **Das Papiermodell und das fertig verklebte Abgasrohr aus Alu im Vergleich. Im Vordergrund ist ein beschädigtes GfK-Abgasrohr aus einem Baukasten erkennbar, das als Vorbild für unseren Nachbau diente.**

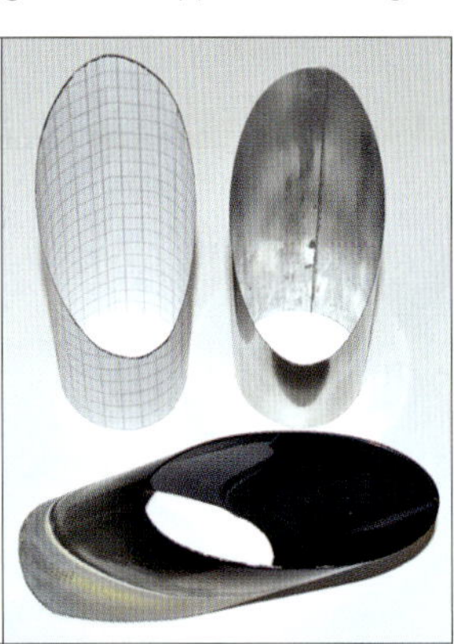

10 **Vor dem Lackieren wird das neue Abgasrohr mit Chrompolitur auf Hochglanz gebracht.**

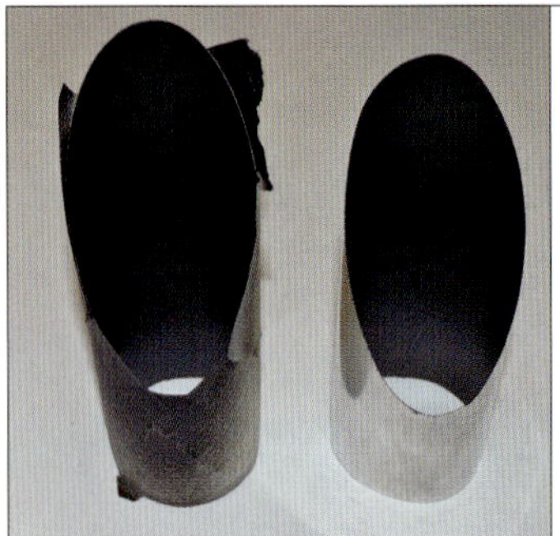

11 **Nach gründlichem Entfetten und Abkleben mit Malerkrepp (links) wird das Abgasrohr innen mattschwarz lackiert.**

12 **Zum Schutz der Innenlackierung wird das Abgasrohr bei den weiteren Lackierschritten auf eine Papierrolle gesteckt. Im ersten Schritt haben wir transparentes Blau aufgetragen.**

gen durch Erwärmung zu erzeugen. Mit etwas Kreativität (und Übung) kann man aber sehr schöne Hitzeverfärbungen mit stark verdünnten blauen und orangefarbenen Klarlacken erzeugen. Hierzu sind beispielsweise die klaren Acryllacke Clear Blue (X-23) und Clear Orange (X-26) von Tamiya sehr gut geeignet.

Wichtig ist, dass die transparenten Farben stark verdünnt mit einer Airbrush-Pistole aufgetragen werden. Auf der polierten Aluoberfläche ergibt das Orange dann den typischen goldbraunen Farbton, den man von erhitztem Edelstahlblech kennt. Dasselbe gilt für den ebenfalls stark verdünnten Blauton, mit dem die stärker erhitzten Stellen nachgebildet werden. Am besten orientiert man sich bei der Lackierung an einschlägigen Vorbildfotos, die man beispielsweise im Internet finden kann.

Falls die Lackierung nicht auf Anhieb gelingen sollte, kann man die Tamiya-Farben problemlos mit Spiritus wieder abwischen und einen neuen Versuch starten. Sobald man mit dem Ergebnis zufrieden ist, lässt man die »Hitzeverfärbungen« gut trocknen und sprüht abschließend noch eine hauchdünne Schicht schwarzen Lack darüber – hierfür eignet sich jeder gängige Modellbaulack, wie beispielsweise Testors Model Master. •

BEZUGSQUELLEN

Alublech:
- Graupner/SJ GmbH, www.graupner.de

Chrom-Politur:
- Toom Baumarkt, www.toom-baumarkt.de

Transparente Farben:
- Tamiya Clear Blue (X-23) und Clear Orange (X-26), www.tamiya.de

Testors Model Master:
- Spielwarengeschäft

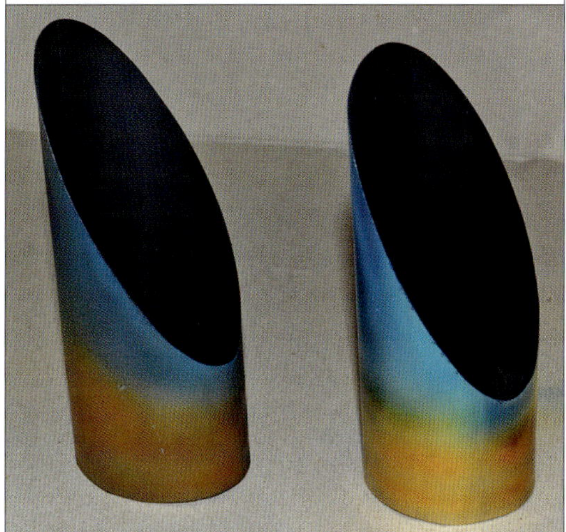

13 **Die typischen goldbraunen Hitzeverfärbungen können mit stark verdünntem, orangefarbenem Transparentlack simuliert werden.**

14 **Abschließend können die bunten »Hitzeverfärbungen« solange mit stark verdünntem schwarzem Lack (glänzend) überlackiert werden, bis der gewünschte Effekt erreicht ist. Hierbei orientiert man sich am besten an Originalbildern.**

15 **Nach dem Trocknen der Lackschichten sind die Abgasrohre einbaufertig und können beispielsweise mit 5-Minuten-Epoxy am Rumpf befestigt werden.**

Landescheinwerfer im Eigenbau

Nahezu jeder Vorbildhubschrauber ist mit einem oder mehreren Landescheinwerfern ausgestattet und dank moderner LED-Technik ist dies auch bei unseren vorbildähnlichen Modellen mit wenig Aufwand möglich.

Als Basis für unseren Eigenbau-Landescheinwerfer dient das Scheinwerfergehäuse aus unserem Workshop »Tiefziehen von Kleinteilen«. Selbstverständlich können aber auch andere funktionslose Scheinwerfer mit der nachfolgend beschriebenen Methode beleuchtet werden.

Leuchtmittel

Als Leuchtmittel für unsere Landescheinwerfer dient ein LED-Emitter kaltweiß mit einer Leistung von einem Watt. Der Begriff kaltweiß bezieht sich hierbei ausschließlich auf die Farbe des ausgestrahlten Lichts, denn die LED selbst wird im Dauerbetrieb eher heiß. Schuld daran ist die sogenannte Verlustleistung, die bei einer LED ungefähr 70 Prozent beträgt. Nur rund 30 Prozent der zugeführten elektrischen Energie werden von einer LED tatsächlich in Licht umgewandelt – der Rest erzeugt unerwünschte Wärme, die abgeführt werden muss.

Aus diesem Grund weist ein LED-Emitter, auch als High-Power-LED bezeichnet, an seiner Rückseite immer eine Kühlfläche auf, mit der er beispielsweise auf eine Kühlplatine gesetzt werden kann. Beim Einbau in ein Scheinwerfergehäuse ist eine Kühlplatine aber aus Platzgründen eher hinderlich. Daher führen wir die Verlustwärme über einen dünnen Streifen aus Alublech ab, der als zentrales Befestigungs- und Kühlelement unseres Eigenbauscheinwerfers dient.

1 Ein entsprechend vorgebogener Alustreifen dient als zentrales Befestigungs- und Kühlelement unseres Eigenbauscheinwerfers.

2+3 Der gebogene Alustreifen sollte so im Scheinwerfergehäuse sitzen. Später dient er als Träger für den LED-Emitter und als Befestigungslasche für den Scheinwerfer selber.

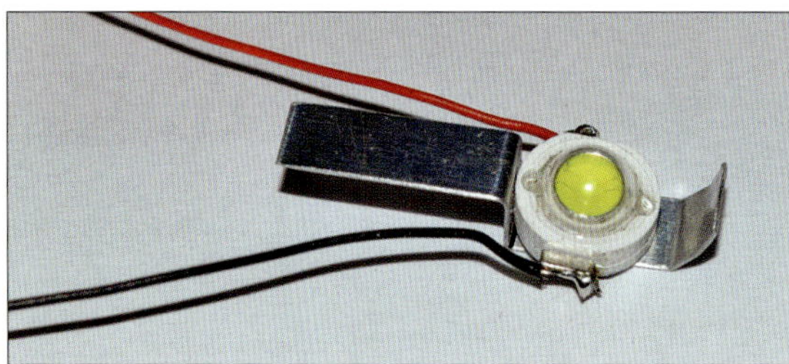

4 Beim Aufsetzen des LED-Emitters auf den Alustreifen muss darauf geachtet werden, dass die beiden seitlichen Anschlüsse nicht kurzgeschlossen werden! Zudem sollte die Rückseite des LED-Emitters mit Wärmeleitpaste versehen werden.

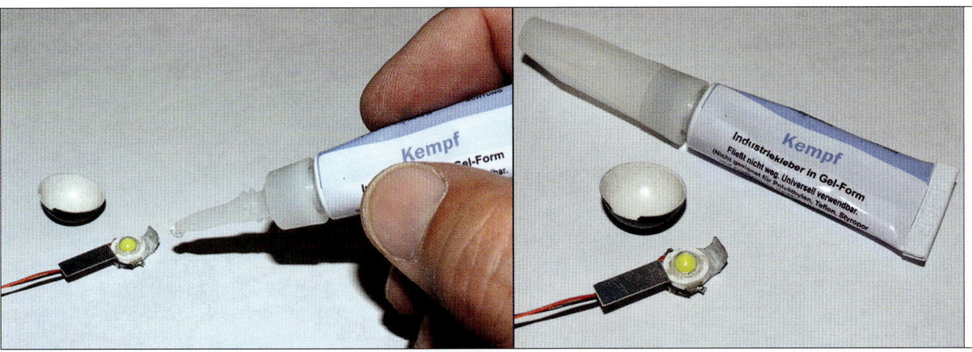

5+6 Zum Festkleben des LED-Emitters ist dickflüssiger Sekundenkleber gut geeignet. Der Kleber darf nicht unter den LED- Emitter fließen, da dadurch die spätere Wärmeableitung behindert würde.

FORMEL ZUR BERECHNUNG DES VORWIDERSTANDS:

(Versorgungsspannung – Betriebsspannung) ÷ LED-Strom
Bsp.: (6 – 3,2 V) ÷ 0,3 A = 9,33 Ohm (aufgerundet 10 Ohm)

FORMEL ZUM PARALLELSCHALTEN VON GLEICHGROSSEN WIDERSTÄNDEN:

Wert eines Widerstandes ÷ Anzahl der Widerstände
Bsp.: 4 Widerstände mit je 56 Ohm 56 ÷ 4 = 14 Ohm

FORMEL ZUR BERECHNUNG DER VERLUSTLEISTUNG DES VORWIDERSTANDS:

(Versorgungsspannung – Betriebsspannung) × LED-Strom
Bsp.: (6 – 3,2 V) × 0,3 A = 0,84 Watt
Ein Widerstand mit 1 W oder 4 parallelgeschaltete Widerstände mit 0,25 W

7 An der Rückseite des LED-Emitters ist die graue Wärmeleitpaste erkennbar. Die beiden Anschlusskabel wurden an der Rückseite des Alustreifens aus dem Scheinwerfer herausgeführt.

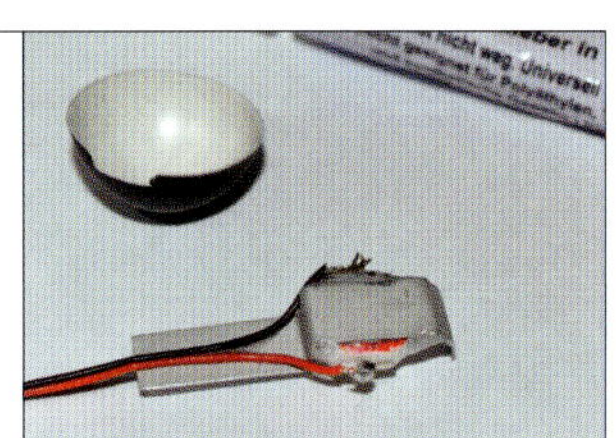

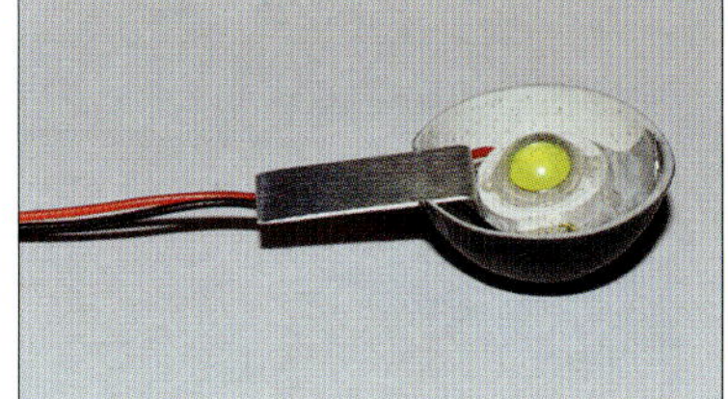

8 Der fertig montierte Scheinwerfer vor dem Aufkleben der transparenten Frontabdeckung. Bei Bedarf kann das Innere noch mit Silberfolie beklebt werden.

Kühlelement

In unserem Fall haben wir das benötigte Kühlelement aus 0,5 Millimeter dickem Alublech ausgeschnitten und passend zum Scheinwerfergehäuse zurechtgebogen. Zum Schneiden von dünnem Alublech kann beispielsweise eine gewöhnliche Haushaltsschere verwendet werden. Anschließend sollten die Schnittkanten vorsichtig mit 240er Schleifpapier entgratet werden.

Jetzt kann der LED-Emitter auf den vorgebogenen Alustreifen aufgesetzt und mit dickflüssigem Sekundenkleber (oder 5-Minuten-Epoxy) fixiert werden. Zur optimalen Wärmeleitung sollte die hintere Kühlfläche des LED-Emitters zuvor noch mit Kühlpaste aus dem Elektronikfachhandel versehen werden.

Spätestens jetzt sollten auch die beiden Kabel an den LED-Emitter angelötet werden, wobei unbedingt die Polarität der Anschlüsse (Kathode/Anode) zu be-

9 Jede LED benötigt einen Vorwiderstand zur Strombegrenzung. Zur besseren Verteilung der Verlustwärme werden in der Praxis meist mehrere Widerstände parallel geschaltet.

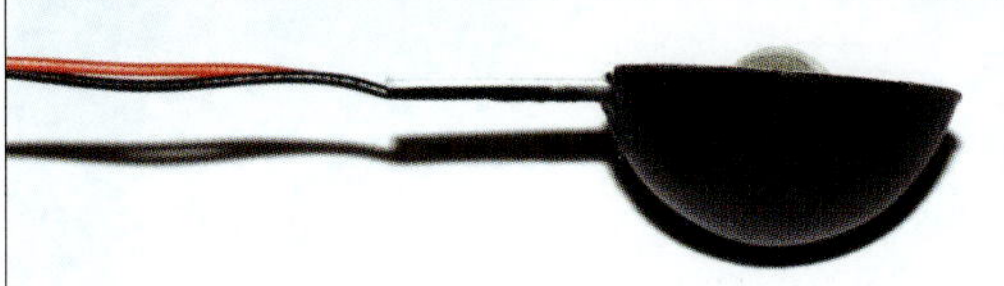

10 Vor dem Festkleben der transparenten, vorderen Abdeckung sollte eine Funktionsprobe durchgeführt werden.

achten ist. Hinweise hierzu erhält man normalerweise auf der Verpackung der LEDs oder am LED-Emitter selbst, wo die Kathode (Minuspol) meist mit einem Minuszeichen markiert ist.

Zuletzt wird der LED-Emitter samt Alustreifen in das Scheinwerfergehäuse eingesetzt und mit dickflüssigem Sekundenkleber fixiert. Abschließend wird die transparente, vordere Scheinwerferabdeckung mit 5-Minuten-Epoxy befestigt. Sekundenkleber ist dafür weniger geeignet, da seine Ausdünstungen auf transparenten Teilen oft hässliche, weiße Trübungen erzeugen.

11 Bei LED-Emittern muss beim Anschluss die Polarität beachtet werden. Meistens ist hier die Kathode (»Minuspol«) entsprechend markiert.

12 Beispiel für einen LED-Emitter mit integriertem Kühlkörper, auch als PCB bezeichnet. Diese Ausführung benötigt etwas mehr Platz und ist daher nur für größere Scheinwerfergehäuse geeignet.

Vorwiderstand

Wie alle LEDs benötigen auch LED-Emitter einen Vorwiderstand zur Strombegrenzung. Dieser Vorwiderstand ist von der Versorgungsspannung, der Betriebsspannung und der zulässigen Stromaufnahme des LED-Emitters abhängig.

Bei dem hier verwendeten LED-Emitter beträgt die Betriebsspannung 3,2 Volt und der maximal zulässige Strom 0,3 Ampere. Bei einer Versorgungsspannung von sechs Volt ergibt sich aus diesen Werten ein Vorwiderstand von 9,3 Ohm. In der Praxis wird dieser Wert auf 10 Ohm aufgerundet, wobei es empfehlenswert ist, mehrere Widerstände parallel zu schalten, um ihre Erwärmung infolge der »verbratenen« Verlustleistung geringer zu halten (siehe Tabelle).

Mit etwas Übung im Umgang mit dem Lötkolben können nach der hier beschriebenen Methode hochwertige Scheinwerfer gebaut werden, die an keinem Modellhubschrauber fehlen sollten. •

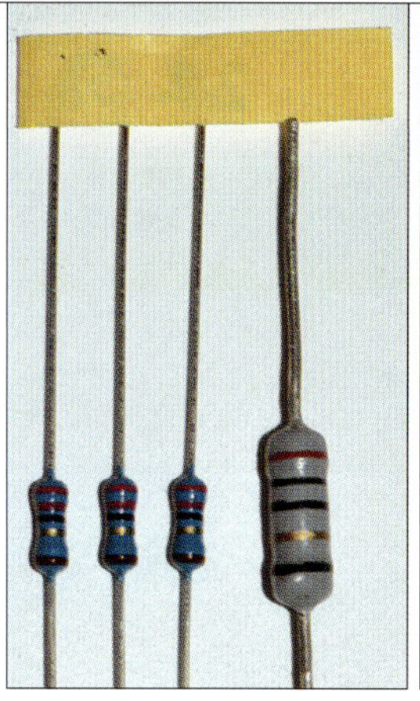

13+14 Beispiele für Vorwiderstände. Da bei LED-Emittern höhere Ströme fließen, sollten entweder große Widerstände für ein Watt oder mehr verwendet werden. Alternativ dazu können auch mehrere Standardwiderstände (1/4 Watt) parallel geschalten werden.

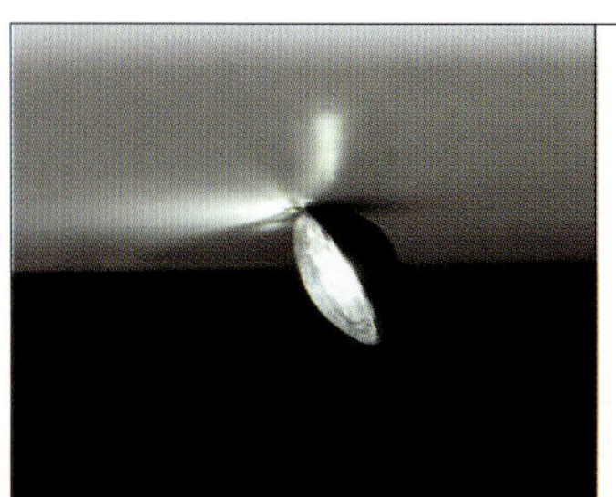

15 Der fertig montierte und angeschlossene Landescheinwerfer am Bauch einer Bell 222. Blechstreifen und Kabel werden durch eine 5-mm-Bohrung ins Innere geführt, umgebogen und mit Sekundenkleber befestigt.

01

Scheinwerfer aus der Restekiste

Viele Polizei- und Rettungshubschrauber sind im Original mit Zusatz- oder Suchscheinwerfern ausgestattet. Wer dieses interessante Funktionsdetail auch an seinem Scale-Modell umsetzen möchte, kann entweder auf den Zubehörhandel zurückgreifen oder auch selber einen Scheinwerfer bauen.

Das Gehäuse unseres Eigenbau-Scheinwerfers entstand aus einem beschädigten Heckrohr mit einem Durchmesser von 17 Millimetern. Selbstverständlich kann hierzu auch jedes andere Aluminiumrohr mit abweichendem Durchmesser verwendet werden, solange das vorgesehene Leuchtmittel – in unserem Fall ein LED-Emitter – hineinpasst. Wichtig ist nur, dass das Scheinwerfergehäuse aus Metall besteht, damit die im Betrieb entstehende Wärme gut abgeleitet werden kann.

An der Vorderseite unseres Scheinwerfers sitzt ein rund sechs Millimeter breiter Ring, der die transparente Scheinwerferlinse aufnimmt und zudem das Erscheinungsbild optisch abrundet. Dieser Ring besteht aus Kunststoff und wurde von einem zufällig auf das Heckrohr passenden Plastikdeckel einer kleinen Lackflasche abgeschnitten. Hier lohnt es sich, bei ähnlichen Eigenbauprojekten einfach verschiedene Kunststoffdeckel oder Verschlüsse auszuprobieren.

Blechbearbeitung

Den hinteren Deckel des Scheinwerfergehäuses haben wir aus 0,3 Millimeter starkem Alublech ausgeschnitten. Aus der selben Blechstärke ist auch der Lampenhalter und die U-förmige Aufhängung unseres Scheinwerfers entstanden. Derartiges Alublech erhält

1 Das Rohmaterial zum Bau des Scheinwerfergehäuses stammt von einem ausgedienten Heckrohr und dem Kunststoffdeckel einer kleinen Lackflasche.

2 Hier sitzt der Ringabschnitt vom Deckel bereits auf dem Heckrohr. Der vordere Überstand des roten Kunststoffrings dient später zur Befestigung der Scheinwerferverglasung.

3 Alle weiteren Komponenten unseres Eigenbauscheinwerfers entstehen aus 0,2 bis 0,3 mm starkem Alublech. Dieses kann man beispielsweise aus Alugetränkedosen »recyceln«.

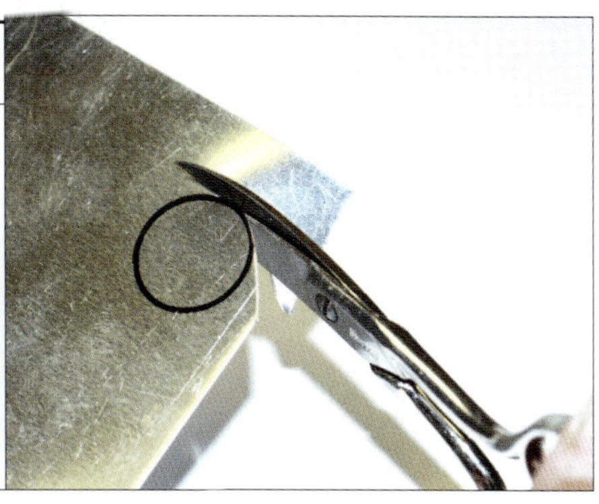

4+5 **Die Scheinwerferrückwand wird mit einem Edding-Stift auf ein Stück Alublech gezeichnet und mit einer (ausgedienten) Nagelschere ausgeschnitten. Grundsätzlich kann dünnes Alublech mit allen gängigen Haushaltsscheren geschnitten werden.**

6 **Das Ausgangsmaterial zur Herstellung der Scheinwerferverglasung stammt von einer transparenten Sichtverpackung (Blister).**

7 **Zum Tiefziehen der Scheinwerferverglasung dient der Kopf einer handelsüblichen Schlossschraube, die in einen Schraubstock eingespannt wird.**

man im gut sortierten Modellbaufachhandel oder auch in Druckereien als sogenanntes »Lithoblech«. Wer will, kann auch einfach eine Alugetränkedose recyceln und so zu einem geeigneten Stück Alublech kommen.

Zum Ausschneiden der kleinen Scheinwerferteile aus dünnem Aluminiumblech kann problemlos eine gewöhnliche Haushaltsschere verwendet werden. Professioneller ist natürlich die Verwendung einer kleinen, handlichen Blechschere. Grundsätzlich sollte beim Schneiden von Blech beachtet werden, dass die Schnittkanten sehr scharf sein können und vorsichtig mit Schleifpapier entgratet werden müssen!

Tiefziehteil

Das Tiefziehen von Kleinteilen wird in diesem Buch ausführlich erläutert. Zum Tiefziehen unserer Scheinwerferverglasung haben wir eine Schlossschraube verwendet, deren glatter, abgeflachter Kopf als Tiefziehform dient. Nach dem Erwärmen mit einem Heißluftgebläse wird einfach ein Stück transparentes Kunststoffmaterial über den Schraubenkopf gezogen, wobei dann die gewünschte, konvexe Form entsteht.

Leuchtmittel

Als Leuchtmittel für unseren Suchscheinwerfer dient ein handelsüblicher LED-Emitter mit einer Leistung von einem Watt. Solche Emitter sind wahlweise in den Farben Kaltweiß oder Warmweiß erhältlich. Bei unserem Scheinwerfer haben wir uns für Kaltweiß entschieden, da dieses Licht an einen modernen Xenon-Scheinwerfer erinnert. Alternativ dazu können ältere Hubschrauber-Vorbilder auch mit warmweißem, glühlampenähnlichem Scheinwerferlicht ausgestattet werden.

LED-Emitter sind an ihrer Rückseite mit einer Kühlfläche ausgestattet, die im Betrieb zur Abführung der sogenannten Verlustwärme dient. Bei unserem Scheinwerfer haben wird den Emitter, nach dem Anlöten der Anschlusskabel, mit der Kühlfläche auf einen U-förmig gebogenen Blechstreifen aufgeklebt, der als Lampenträger und Kühlkörper dient.

Zum Festkleben des Emitters eignet sich beispielsweise dickflüssiger Sekundenkleber, der ringförmig um die Kühlfläche des Emitters aufgetragen wird. Hierdurch liegt die Kühlfläche nach dem Kleben ohne isolierende Klebeschicht direkt auf dem Lampenträger auf und kann so die Wärme gut ableiten.

BEZUGS-QUELLEN

LED-Emitter
- LED-Stübchen, München, www. led-stuebchen.de

Vorwiderstände
- Elektronikfachhandel oder ebay-Shops

8 **Hier wurde die Verglasung bereits tiefgezogen (siehe hierzu auch Workshop »Tiefziehen von Kleinteilen«).**

9 **Die Scheinwerferverglasung wird mit einer Nagelschere passgenau ausgeschnitten.**

10 **Die vier Hauptbestandteile des Scheinwerfergehäuses im Überblick.**

Endmontage

Der LED-Emitter wird samt Lampenträger in das Scheinwerfergehäuse eingesetzt und dort mit dickflüssigem Sekundenkleber befestigt. Nachdem der Kleber ausgehärtet ist, müssen die überstehenden Enden des Lampenträgers nach innen umgebogen werden (siehe Skizze). Auf diese Weise entstehen dann die Befestigungsflächen zum Aufkleben des hinteren Scheinwerfer-Gehäusedeckels. Abschließend wird noch die tiefgezogene Scheinwerferverglasung mit 5-Minuten-Epoxy befestigt. Sekundenkleber ist an dieser Stelle weniger geeignet, da seine Ausdünstungen auf transparenten Teilen oft hässliche, weiße Trübungen erzeugen.

Jetzt fehlt nur noch die Scheinwerferaufhängung. Diese besteht bei unserem Scheinwerfer aus einer schwarzen Kunststoffbuchse als Sockel und einem U-förmig gebogenen Blechstreifen. Beides wird von einer langen Holzschraube zusammengehalten, die später auch zur Befestigung am Hubschrauberrumpf dient. Anstatt der

11 **Vor dem Anlöten der Stromkabel müssen die abgewinkelten Anschlüsse des Emitters mit einer Zange flachgedrückt werden, damit sie später nicht den Lampenhalter berühren (Kurzschlussgefahr!).**

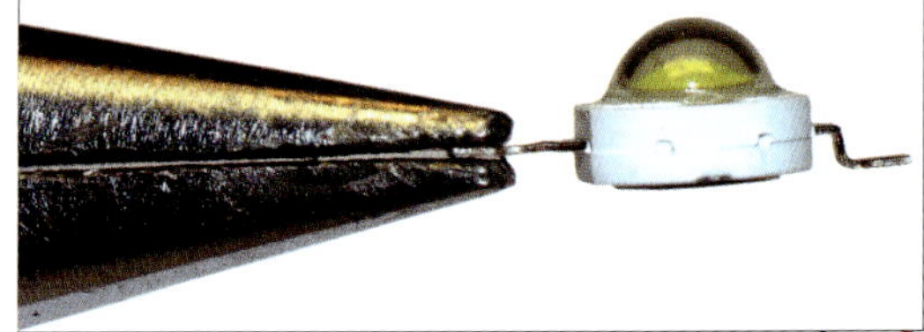

12 **Beim Anlöten der Kabel muss die Polarität des LED-Emitters beachtet werden. Der Minuspol ist häufig mit einem Minuszeichen markiert (links).**

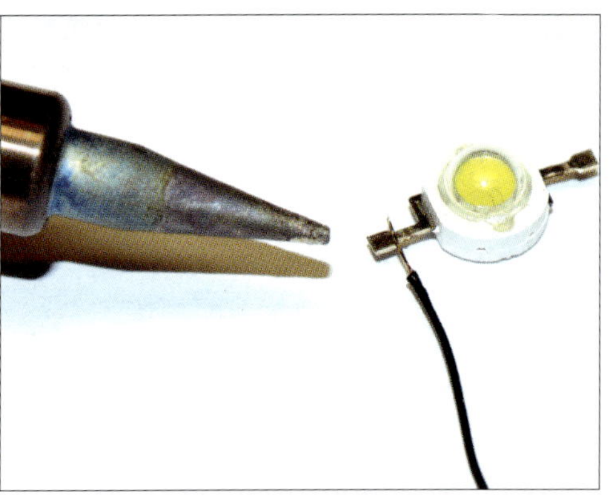

13 **Nach dem Anlöten der Kabel wird der LED-Emitter mit dickflüssigem Sekundenkleber auf den U-förmigen Lampenhalter aus Alublech geklebt.**

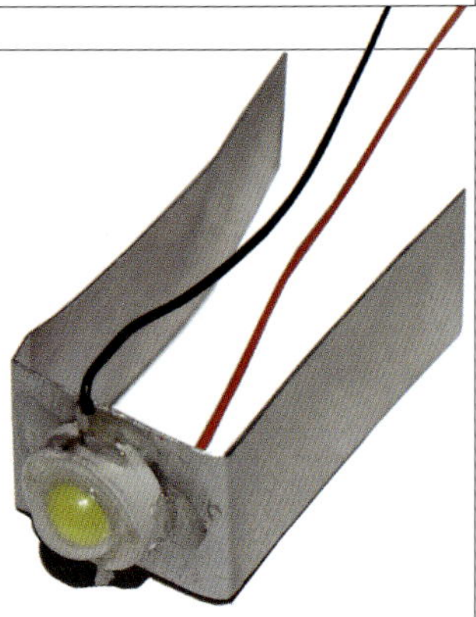

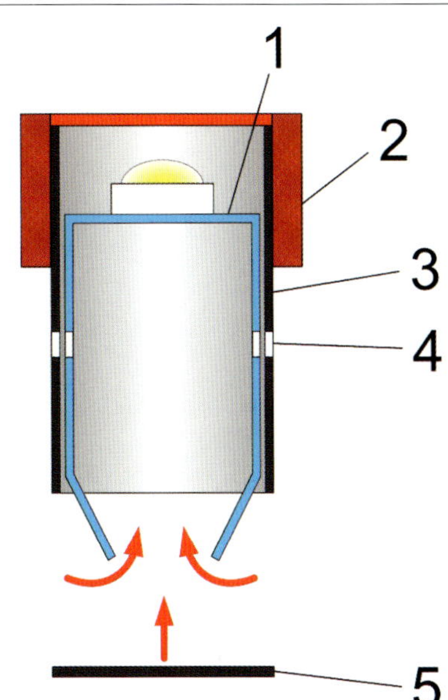

14 Schematischer Aufbau unseres Scheinwerfers: 1 = Lampenhalter, 2 = Kunststoffring, 3 = Heckrohr, 4 = Befestigungsbohrungen (Scheinwerferaufhängung), 5 = hinterer Deckel. Nach dem Einkleben des Lampenhalters (1) werden die überstehenden Laschen nach innen umgebogen und der Deckel (5) aufgeklebt.

15 Die umgebogenen Laschen des Lampenhalters dienen zum Festkleben des hinteren Scheinwerferdeckels.

16 Hier ist der hintere Deckel bereits mit dickflüssigem Sekundenkleber befestigt. Am linken Rand wurde eine Kerbe zum Herausführen des Kabels hineingefeilt.

17 Die Scheinwerferaufhängung besteht aus einem U-förmig gebogenen Blechstreifen, einem Abstandsstück aus schwarzem Kunststoff und einer langen Holzschraube zur Befestigung am Rumpf.

18 Zur Befestigung des Scheinwerfers in der U-förmigen Aufhängung dienen zwei kurze Blechtreiberschrauben. Zur optischen Aufwertung wurden Scheinwerfer und Halter mit schwarzer Modellbaufarbe lackiert.

erwähnten Kunststoffbuchse kann natürlich auch ein kurzes Alu- oder Karbonröhrchen verwendet werden.

Der Scheinwerfer selbst ist mit zwei kurzen 2,5 mm-Blechtreiberschrauben an der Aufhängung befestigt. Hierzu wurde an jeder Gehäuseseite eine 2 mm-Bohrung angebracht. Mit dieser Art der Befestigung kann der Scheinwerfer am Heli sowohl gedreht, als auch geschwenkt werden, wobei die möglichen Einstellwinkel lediglich durch die Kabellänge begrenzt werden.

INFO

Formel zur Berechnung des Vorwiderstands:
(Versorgungsspannung
– LED-Betriebsspannung) ÷ LED-Strom
Bsp.: (6 V – 3,2 V) ÷ 0,3 A = 9,33 Ohm
(aufgerundet 10 Ohm)

Elektrischer Anschluss

Wie alle LEDs, benötigt auch unser LED-Emitter im Scheinwerfer einen Vorwiderstand zur Strombegrenzung. Dieser Vorwiderstand muss eine Leistung von mindestens 1 Watt aufweisen. Da er sich bei längerem Betrieb stark erhitzen kann, sollte er am besten freistehend angeordnet werden und auf keinen Fall mit hitzeempfindlichen Materialien in Berührung kommen.

Beim Anschluss unseres Scheinwerfers an eine 6-Volt-Stromquelle (z.B. BEC), beträgt der erforderliche Vorwiderstand 10 Ohm. Bei Verwendung eines 2s-LiPo-Akkus zur Stromversorgung muss der Vorwiderstand auf 18 Ohm erhöht werden. •

Beschriftungen und Markierungen mit Decal-Folie

Die Rümpfe von manntragenden Hubschraubern sind zumindest mit Luftfahrzeugkennzeichen und Heckrotorwarnschildern ausgestattet; darüber hinaus finden sich in den meisten Fällen noch weitere Markierungen und Hinweise auf dem Rumpf, die auch an einem vorbildähnlichen Modell nicht fehlen dürfen.

Transparente oder weiße Decalfolien sind im gängigen A4-Format im einschlägigen Fachhandel erhältlich (z. B. www.conrad.de) und können grundsätzlich wie glänzendes Inkjet-Fotopapier mit handelsüblichen Tintenstrahldruckern bedruckt werden. Zusätzlich wird ein Computer mit einem geeigneten Grafikprogramm benötigt.

1 Das Bedrucken der Decal-Folie erfolgt mit einem gewöhnlichen Tintenstrahldrucker. Beim Einlegen und Entnehmen sollte die Decal-Folie nur am Rand angefasst werden.

2 Vor der Verarbeitung müssen die aufgedruckten Motive (oder »Decals«) mit Klarlack wasserfest versiegelt werden. Hierzu eignen sich nahezu alle Klarlacke auf Acryl-Basis.

3 Nach dem Trocknen des Lacks werden die Decals ausgeschnitten. Dabei sollte man einen schmalen Rand um das Motiv stehen lassen, damit von der Seite kein Wasser in die Tinte eindringen kann.

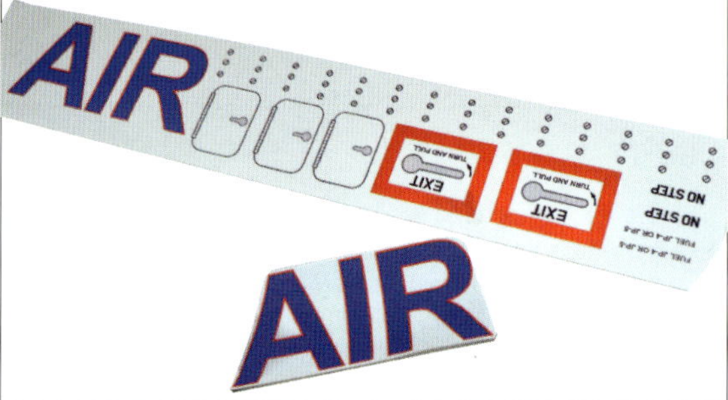

4 **Nach dem dem Einweichen des Trägerpapiers lassen sich die Decals auf das Modell schieben.**

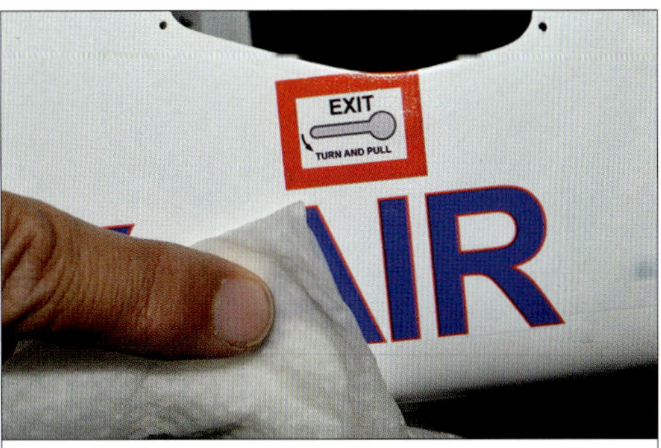

5 **Damit sich unter den frisch angebrachten Decals keine Luftblasen bilden, sollte man sie mit feuchtem Küchenpapier kräftig andrücken und anschließend gut trocknen lassen.**

6+7 **Da Drucke in weiß nicht möglich sind, müssen entsprechende Motive wie diese Kennung mit einem Schnittrand auf weißer Decal-Folie gedruckt und anschließend exakt ausgeschnitten werden.**

»Nachdem die Tinte getrocknet ist, muss noch ein schützender Klarlack auf die Decalfolie aufgetragen werden. Erst dadurch werden die gedruckten Decals wasserfest und können auf das Modell übertragen werden.«

Erstellung der Vorlagen

Falls lediglich Beschriftungen erstellt werden sollen, genügt ein modernes Textverarbeitungsprogramm, wobei es empfehlenswert ist, zusätzlich die Schriftart AmarilloUSA (www.urbanfonts.com) zu installieren, die im Internet kostenlos erhältlich ist. Mit dieser Schriftart können die typischen Schablonenbuchstaben erstellt werden, die auf vielen Hubschraubern zu finden sind.

Für die Erstellung von Grafiken und Logos ist in den meisten Fällen ein Vektorgrafik-Programm wie beispielsweise Adobe Illustrator, Freehand oder CorelDraw erforderlich. Alternativ dazu werden im Internet auch kostenlose Vektorgrafik-Programme angeboten, wie z. B. Inkscape für Windows (inkscape.org/de) oder Xara Xtreme für Linux-Systeme (www.xaraxtreme.org). Auch geeignete Vorlagen, wie Hoheitszeichen, Flaggen und gängige Warnsymbole, kann man im Internet finden, wobei man GIF-Grafiken dem JPG-Format vorziehen sollte, da GIFs aufgrund ihrer geringeren Farbanzahl meist zu besseren Druckergebnissen führen.

Drucken

Wenn die Vorlage am Computer erstellt und auf die richtige Größe skaliert ist, wird die Decal-Folie in den Drucker eingelegt, wobei man sie nur am Rand anfassen sollte, damit auf der glänzenden Vorderseite keine Fingerabdrücke zurückbleiben. Danach wird in den Druckeinstellungen als Medium »Fotoglanzpapier« ausgewählt; bei der Druckqualität genügt in den meisten Fällen die Einstellung »Standard«.

Nach dem Drucken darf man keinesfalls auf das Motiv fassen, da die Tinte unter Umständen mehrere Minuten zum Trocknen benötigt. Am besten lässt man die Folie über Nacht gründlich trocknen oder legt sie für einige Zeit auf die Heizung.

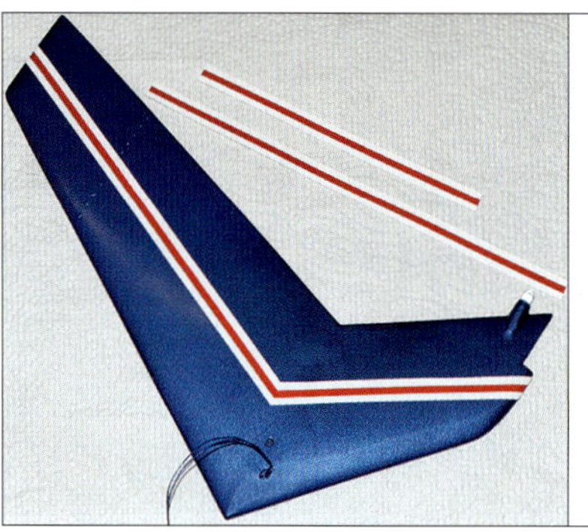

8 Auch Zierstreifen lassen sich sehr gut mit weißer Decal-Folie herstellen.

9 Neben Beschriftungen und Logos lassen sich auch kleine Oberflächendetails wie diese Wartungsklappe mit Decals realisieren.

10 Das Versiegeln der Decal-Folie kann auch mit einem weichen Pinsel erfolgen. Allerdings sollte man die Decals erst nach dem Lackieren ausschneiden, da sonst die Ränder von Folie und Trägerpapier verkleben können.

Versiegeln

Nachdem die Tinte getrocknet ist, muss noch ein schützender Klarlack auf die Decalfolie aufgetragen werden. Erst dadurch werden die gedruckten Decals wasserfest und können auf das Modell übertragen werden. Als Schutzlack ist beispielsweise Acryllack aus dem Plastikmodellbau, wie z. B. Mr. Metal Primer, sehr gut geeignet und wird idealerweise mit der Spraydose aufgesprüht. Bei kleineren Decals kann der Lack problemlos mit einem weichen Pinsel aufgetragen werden – alternativ dazu ist auch 2K-Klarlack aus dem Autozubehör gut geeignet.

Nach dem gründlichen Trocknen des transparenten Schutzlacks sind die Decals einsatzbereit und können

11+12+13 Das Aufbringen kleiner Decals erfolgt am besten mit einem großen, weichen Pinsel. Während man eine Ecke des Decals mit dem Pinsel am Modell festdrückt, kann man das Trägerpapier vorsichtig darunter wegziehen. Abschließend sollte das Decal mit feuchtem Küchenpapier angedrückt werden.

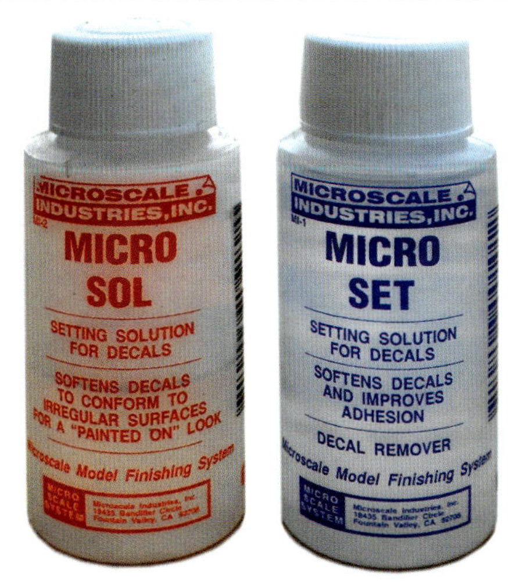

14 Zum Aufbringen von Decals auf unebenen Untergründen gibt es spezielle »Weichmacher«, die normalerweise im Plastikmodellbau verwendet werden.

15+16 Dieses Decal wurde mit Hilfe von Weichmachern aufgetragen und hat sich problemlos an die Nieten und Blechstöße angepasst. Nach dem Trocknen wurde es mit Klarlack überlackiert.

einzeln ausgeschnitten sowie auf das Modell übertragen werden. Beim Ausschneiden sollte man, wenn immer möglich, einen kleinen Rand von ein bis zwei Millimetern um das aufgedruckte Motiv stehen lassen, damit das Wasser nicht seitlich zwischen Schutzlack und Motiv eindringen kann.

Aufbringen

Nach dem Ausschneiden werden die Decals kurz in kaltes Wasser getaucht und dann beiseite gelegt, bis sie sich vom Trägerpapier ablösen. Keinesfalls darf man die Decals solange im Wasser schwimmen lassen, bis sie sich selber vom Papier lösen. Hierbei würde sich der ebenfalls wasserlösliche Kleber auf der Rückseite weitgehend abgewaschen, so dass die Decals am Modell später nicht mehr richtig haften.

Das eigentliche Übertragen der Decals vom Trägerpapier auf das Modell erfolgt am besten durch Schieben mit einem großen, weichen Pinsel – daher auch die deutsche Bezeichnung »Wasserschiebebilder«.

Nach dem Aufbringen auf das Modell werden die Decals mit feuchtem Küchenpapier kräftig angedrückt, damit sich darunter keine Luftblasen bilden. Mit etwas Decal-Weichmacher (z. B. Micro Sol) im Wasser – oder notfalls auch einem Schuss Essig – wird die Decalfolie weich, so dass sie sich problemlos über Nieten oder ähnliche Oberflächendetails schmiegt.

Falls das Modell eine mattlackierte Oberfläche hat, sollte man die Stellen, an denen Decals vorgesehen sind, zuvor mit einem glänzenden Klarlack versehen. Dieser verhindert das unschöne Silbern des Decal-Trägerfilms, der nach dem Trocknen auf mattem Untergrund deutlich sichtbar wird. Nachdem die Decals auf den zuvor getrockneten Glanzlack aufgebracht wurden, und ebenfalls völlig trocken sind, wird das Ganze wieder mit mattem Klarlack überlackiert – auf diese Weise wird der Trägerfilm nahezu unsichtbar. •

»Das eigentliche Übertragen der Decals vom Trägerpapier auf das Modell erfolgt am besten durch Schieben mit einem großen, weichen Pinsel – daher auch die deutsche Bezeichnung Wasserschiebebilder.«

Programmierbare **Beleuchtungsanlage**

mit Arduino Nano-Boards

Bis vor wenigen Jahren mussten sich Modellbauer noch mit sogenannten Timer-ICs und diversen Widerstands- und Kondensatorkombinationen beschäftigen, um sehr einfache Blinkschaltungen mit fest vorgegebenen Blinkfrequenzen aufzubauen. Heute ermöglichen preisgünstige Mikrocontroller nicht nur beliebige Blitz- oder Blinksequenzen, sondern auch die individuelle Ansteuerung von bis zu zwölf LEDs. Der vorliegende Workshop zeigt an einem einfachen Beispiel, wie man mit Hilfe des bekannten Arduino-Boards effektvolle Modellbeleuchtungen realisieren kann.

Für unsere Zwecke ist besonders das Arduino Nano-Board oder ein baugleiches Arduino Nano kompatibles Board geeignet, wobei letzteres bereits für rund fünf Euro erhältlich ist. Die zur Programmierung des Arduino Nano-Boards benötigte Software ist kostenlos im Internet erhältlich; mehr ist für den Einstieg in die Mikrocontroller-Programmierung nicht erforderlich.

Für den Bau der hier vorgeschlagenen Beleuchtungsanlage werden zusätzlich noch zwei rote High Power-LEDs (1 W), zwei Vorwiderstände und ein Treiberbaustein benötigt. Mit geringem Mehraufwand kann die Schaltung später für die Steuerung von bis zu sieben High Power LEDs ausgebaut werden.

1 Das Arduino Nano (kompatible) Board ist das Herzstück unserer frei programmierbaren Beleuchtungsanlage. Unten rechts wird die Versorgungsspannung angeschlossen, oben sitzen die Digitalausgänge und ein Masseausgang.

2 Zur Programmierung wird das Board mittels Mini-USB-Kabel an einen PC angeschlossen.

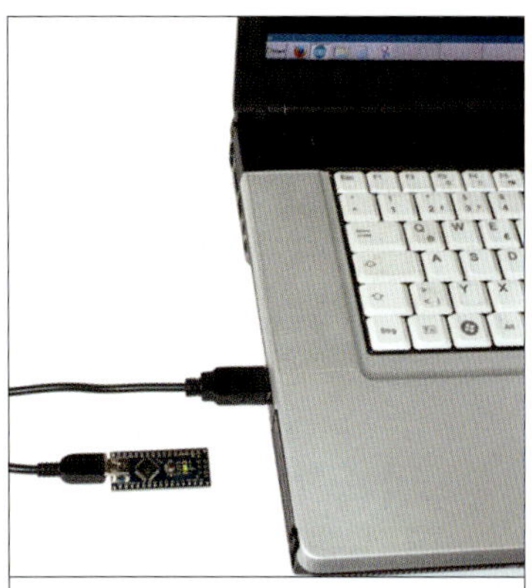

3 Die Programmierung erfolgt an einem PC oder Laptop, auf dem die sogenannte Arduino-Entwicklungsumgebung installiert sein muss. Diese steht im Internet kostenlos zur Verfügung.

In fünf Schritten zur eigenen Beleuchtungssteuerung

Erstens: Download der kostenlosen Arduino-Entwicklungsumgebung von der Internetseite www.arduino.cc/en/Main/Software. Anschließend werden die heruntergeladenen Dateien im lokalen Verzeichnis \programme\arduino entpackt. Bei Verwendung eines Arduino-kompatiblen Boards muss noch eine zusätzliche Treiber-Software installiert werden, die zusammen mit dem Board geliefert wird (siehe Kasten Treiberinstallation).

Zweitens: Anschluss des Arduino Nano (oder kompatiblen) Boards mittels USB-Kabel am Computer. Sobald die Verbindung hergestellt ist, leuchtet am Arduino-Board eine grüne LED.

4 Die Entwicklungsumgebung enthält einen Editor zur Eingabe des Programms. Mit einem Klick auf den Übertragungsknopf (Pfeil) wird das Programm kompiliert und auf das Arduino Board hochgeladen.

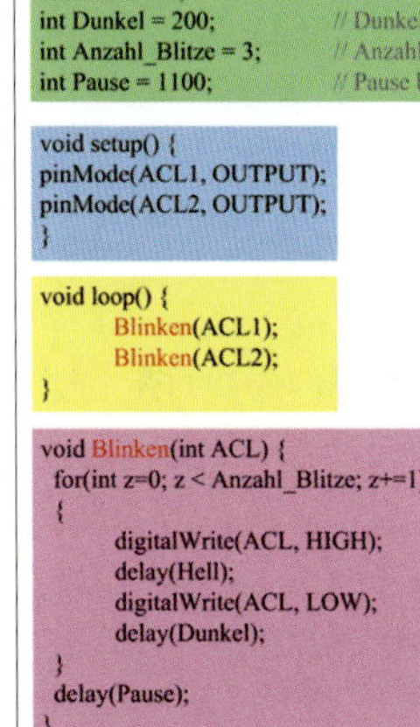

```
int ACL1 = 4;          // Pin-Nr. oberes Anti Collision Light (ACL)
int ACL2 = 8;          // Pin-Nr. unteres Anti Collision Light (ACL)
int Hell = 100;        // Leuchtdauer (Standard: 100ms)
int Dunkel = 200;      // Dunkelphase (Standard: 200ms)
int Anzahl_Blitze = 3; // Anzahl Blitze (pro Leuchtfolge)
int Pause = 1100;      // Pause bei Wechsel ACL1/ACL2 (Standard: 1100ms)

void setup() {
pinMode(ACL1, OUTPUT);
pinMode(ACL2, OUTPUT);
}

void loop() {
        Blinken(ACL1);
        Blinken(ACL2);
}

void Blinken(int ACL) {
  for(int z=0; z < Anzahl_Blitze; z+=1)
  {
        digitalWrite(ACL, HIGH);
        delay(Hell);
        digitalWrite(ACL, LOW);
        delay(Dunkel);
  }
  delay(Pause);
}
```

5 Beispielprogramm zur Steuerung von zwei Anti-Collision-Lights. Die Werte im grün hinterlegten Bereich können bei Bedarf auch geändert werden, um die Beleuchtungssteuerung an eigene Wünsche anzupassen (die //-Kommentare müssen nicht abgetippt werden).

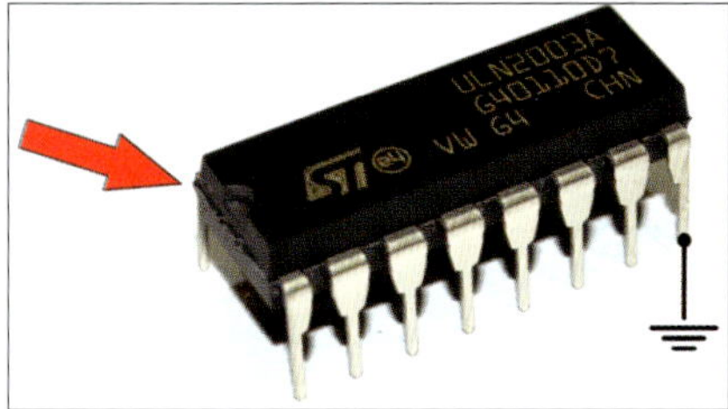

6 **Zur Stromverstärkung verwenden wir den Treiberbaustein ULN2003A. Hier ist es wichtig, den Masseanschluss zu identifizieren: Wenn die Gehäusemarkierung (Pfeil) nach links zeigt, sitzt der Anschluss unten rechts.**

7 **Der Treiberbaustein kann direkt an die Ausgänge des Arduino Nano-Boards angeschlossen und verlötet werden.**

8 **Beim Anschluss muss darauf geachtet werden, dass der Masseanschluss des Treiberbausteins auch wirklich am Masseausgang (GND) des Arduino sitzt (Pfeil).**

Drittens: Starten und Einrichten der Arduino-Entwicklungsumgebung (Arduino.exe). Hier muss im Menüpunkt Werkzeuge der Typ des verwendeten Boards angegeben (in unserem Fall Arduino Nano) und der zugewiesene Serial Port ausgewählt werden. Letzterer ist in der Windows-Systemsteuerung unter System Hardware Gerätemanager Anschlüsse (COM & LPT) ersichtlich.

Viertens: Auswahl des Testprogramms »blink« aus den vorhandenen Programmbeispielen (Datei Sketchbook Beispiele Digital blink) zum Testen der Installation. Nach dem Hochladen des Programms auf das angeschlossene Arduino-Board muss dort eine zweite LED blinken. Diese ist mit dem digitalen Ausgang D13 verbunden und ermöglicht so den Testbetrieb ohne externe LEDs.

Fünftens: Abtippen und Übertragen des abgedruckten Programms zur Steuerung von zwei Anti Collision Lights (ACL) in einer luftfahrttypischen dreifach Blitzfolge. Damit ist das Arduino-Board einsatzbereit.

Programmbeschreibung

Die Programmierung von Arduino-Boards erfolgt in der Programmiersprache C++. Wer sich intensiver mit der Arduino-Programmierung beschäftigen möchte, findet in der Arduino-Entwicklungsumgebung unter dem Menü-Punkt [Hilfe] > [Referenz] weitere Informationen. Hier soll nur kurz der grundlegende Aufbau unseres Beleuchtungsprogramms erläutert werden.

9 **Die Ein- und Ausgänge des Treiberbausteins liegen genau gegenüber. In diesem Beispiel wird der Arduino-Ausgang D8 verstärkt und über den Treiber auf einen Vorwiderstand (rechts) geleitet. Hier kann jetzt eine 1 W starke HighPower-LED betrieben werden.**

10 **Das Arduino Nano-Board mit dem Treiberbaustein und sieben Vorwiderständen beinhaltet die links konventionell aufgebaute Blinkschaltung (inkl. separater Transistorstufe) insgesamt sieben Mal und kann zudem frei programmiert werden!**

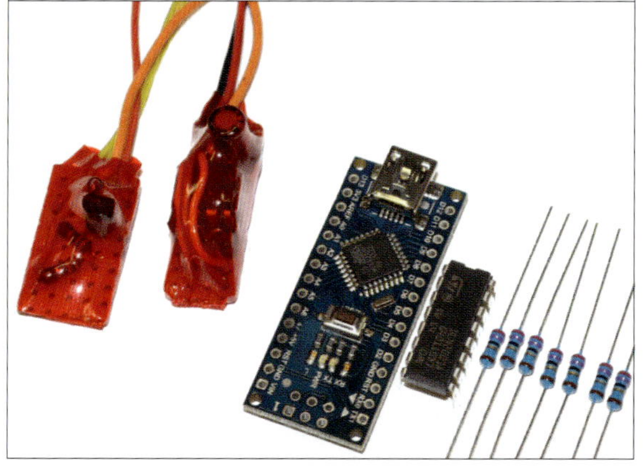

BEZUGSQUELLEN

Arduino Nano-kompatibles Board:
- Christian's Technik Shop, www.christians-shop.de

Arduino Entwicklungsumgebung:
- www.arduino.cc/en/Main/Software

Treiberbaustein ULN2003A, Widerstände, Lochrasterplatten:
- Reichelt Elektronik, www.reichelt.de

High Power LEDs:
- LED-Stübchen, www.led-stuebchen.de

11 Für die hier vorgestellte Arduino-Beleuchtungsschaltung sind preiswerte 1W High Power-LEDs besonders gut geeignet. Die rote Ausführung wird mit 2,3 V und max. 350 mA betrieben.

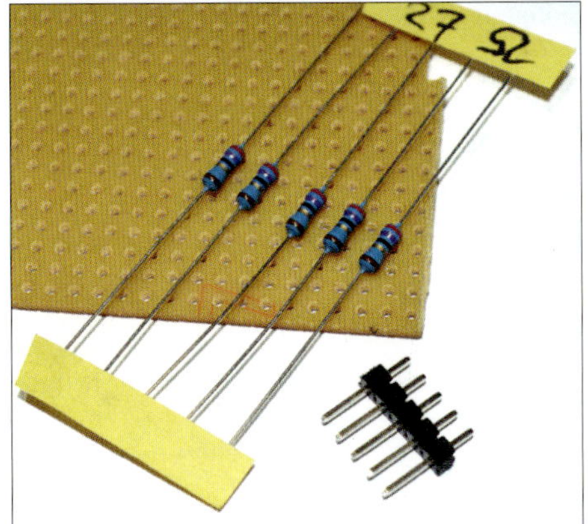

12 Idealerweise erfolgt der Aufbau der Schaltung auf einer Lochrasterplatte. Hier können die benötigten Vorwiderstände und bei Bedarf auch entsprechende Stiftsockelleisten zum Anschluss der Beleuchtungskabel untergebracht werden.

13 Die Anschlüsse der Bauelemente werden mit den Kupferbahnen auf der Rückseite der Lochrasterplatte verlötet. Bei Bedarf können diese Bahnen auch mit einem Cutter durchtrennt werden.

Der grün hinterlegte Block in unserem Programm (Bild 6) ist der sogenannte Definitionsbereich. Hier werden die verwendeten Variablen definiert. In unserem Fall stehen hier die Variablen mit den Anschlussnummern für unsere beiden Anti Collision Lights (ACL1 = Pin D4 bzw. ACL2 = Pin D8 am Arduino-Board) sowie die Zeitangaben der einzelnen Leuchtphasen in Millisekunden und die Anzahl der Lichtblitze pro Leuchtfolge.

Diese Werte können natürlich jederzeit auch geändert werden, um die Beleuchtungssteuerung an eigene Wünsche anzupassen. Damit mögliche Änderungen auch wirksam werden, muss das Programm erneut auf das Arduino-Board hochgeladen werden.

Der blau hinterlegte Abschnitt beinhaltet die sogenannte Initialisierung. Dieser Programmteil wird nur einmal ausgeführt, wobei in unserem Fall die beiden Ausgänge zum Anschluss unserer beiden ACL definiert werden.

Der gelbe Bereich markiert das Hauptprogramm. Dieses wird immer wieder ausgeführt und sorgt so für die fortlaufenden Leuchtsequenzen unserer ACL. Hierbei ruft das Hauptprogramm bei jedem Durchlauf das Unterprogramm »Blinken« zweimal auf, wobei im Wechsel die Pin-Nummern der beiden angeschlossenen ACL übergeben werden.

Treiberbaustein

Da das Ardunio-Board pro Ausgang nur einen Strom von maximal 40 Milliampere liefern kann, benötigt man zum Anschluss von High Power-LEDs eine Stromverstärkung auf wenigstens 350 Milliampere. Hierzu kann man einen sogenannten Treiberbaustein einsetzen. In unserem Beispiel verwenden wir einen Treiberbaustein vom Typ ULN2003A.

Dieser Baustein besitzt sieben getrennte Ein- und Ausgänge und kann somit zur Stromverstärkung von bis zu sieben Arduino-Ausgängen verwendet werden; dabei kann er pro Ausgang maximal 500 Milliampere liefern.

14+15+16 Die hier vorgestellte Schaltung kann auf bis zu sieben Lichtfunktionen erweitert werden. Hierfür werden die weiteren Anschlüsse des Treiberbausteins verwendet. Seine Ausgänge sind mit einer kleinen Lochrasterplatte verbunden, die sowohl die Anschlüsse (zwei- und dreipolige Stiftsockel) für die einzelnen Leuchten, als auch deren Vorwiderstände aufnimmt.

17 Hier sitzt unsere erweiterte Beleuchtungsschaltung bereits in einem Heli-Rumpf. Als Stromversorgung dient ein HV-BEC; alternativ kann auch ein 2s-LiPo (7,4 V) verwendet werden.

Der ULN2003A kann direkt an dem Ardunino Nano Board angelötet werden. Dabei muss man lediglich darauf achten, dass sein Masseanschluss (Minuspol) mit dem Masseausgang (GND) des Arduino verbunden wird (siehe Bilder). Damit ergibt sich automatisch die Nutzung der Arduino-Ausgänge D2 bis D8, da diese den Eingängen des Treiberbausteins direkt gegenüber stehen.

Nachdem der Treiberbaustein mit dem Arduino Nano-Board verlötet wurde, müssen an die verwendeten Ausgänge auf der gegenüberliegenden Gehäuseseite noch passende Vorwiderstände für die High Power LEDs angelötet werden. Die Werte dieser Vorwiderstände sind von den verwendeten LEDs und der Betriebsspannung unserer Schaltung abhängig (siehe Berechnung des Vorwiderstands).

Selbstverständlich kann das Arduino Nano (kompatible) Board noch viel mehr, als LEDs zum Blinken zu bringen. Weitere Einsatzmöglichkeiten des Arduino-Boards für ambitionierte Funktionsmodellbauer lesen Sie deshalb in unserem zweiten Teil. •

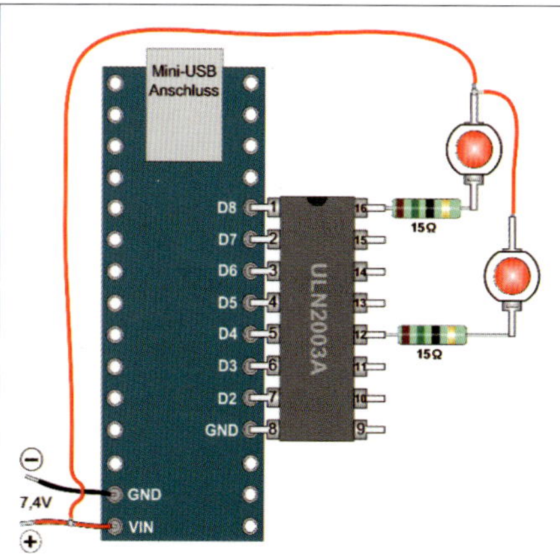

18 Schaltung: Schematische Darstellung unserer Schaltung zur Steuerung von zwei Anti Collision Lights (ACL). Beim Betrieb an einem 2s-LiPo (7,4 V) wird für jede High Power-LED ein Vorwiderstand von 15 Ohm benötigt. Prinzipiell kann die Schaltung mit Spannungen zwischen 6 und 12 V betrieben werden, wobei jedoch die beiden Vorwiderstände entsprechend angepasst werden müssen (siehe Berechnung des Vorwiderstands).

Programmierbare **Beleuchtungsanlage**

mit Arduino Nano-Boards, Teil 2

Im vorherigen Teil unseres Workshops »Programmierbare Beleuchtungsanlage« haben wir mit Hilfe eines Arduino-Boards und eines Treiberbausteins eine Schaltung zur Steuerung von zwei abwechselnd aufblitzenden Anti Collision Lights (ACL) aufgebaut. Im zweiten Teil soll diese Schaltung um zwei zusätzliche weiße Blitzer ergänzt werden.

Die genannte Erweiterung unserer Beleuchtungsanlage ist ohne grundlegende Änderungen an der in Teil 1 vorgeschlagenen Schaltung möglich, da der angelötete Treiberbaustein bereits sieben Ausgänge hat. Die Nutzung der weiteren Ausgänge unserer Schaltung ist also rein softwareabhängig. Aus diesem Grund liegt der Schwerpunkt des vorliegenden zweiten Teils in der Programmierung unseres Arduino (kompatiblen)-Boards.

Bevor wir loslegen, möchten wir noch einmal daran erinnern, dass der in Teil 1 empfohlene Treiberbaustein vom Typ ULN2003A pro Ausgang einen Strom von maximal 500 Milliampere liefern kann. Dies bedeutet, dass wir pro Ausgang jeweils eine 1 Watt starke High-Power-LED mit entsprechendem Vorwiderstand betreiben können. Zudem müssen die High-Power-LEDs mit der Kathode (Minuspol) am ULN2003A angeschlossen werden.

Blinker und Blitzer an Vorbildhubschraubern

Bei manntragenden Hubschraubern, die für den Nachtflugbetrieb zugelassen sind, ist mindestens ein rot

1 **Schematische Darstellung unserer erweiterten Schaltung zur Steuerung von zwei roten Anti Collision Lights (ACL) und zwei weißen Strobe Lights. Die dargestellten Vorwiderstände sind für den Betrieb an einem 2s-LiPo (7,4 V) ausgelegt (siehe hierzu auch Teil 1 unseres Workshops). Die HighPower LEDs werden mit der Kathode (Minuspol) am Treiberbaustein angeschlossen.**

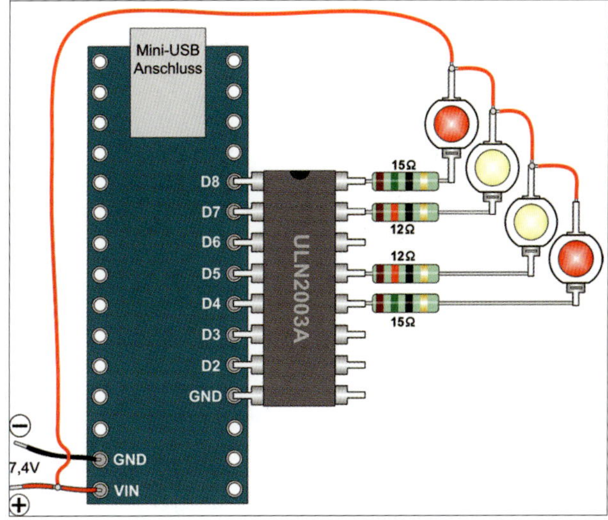

2 **So sieht die typische Beleuchtung eines modernen Zivilhubschraubers aus. Meist ist noch ein zweite ACL an der Rumpfunterseite vorhanden. Die Blinkfolgen der seitlich angebrachten, weißen Strobe Lights und die roten ACLs sind im nachfolgenden Diagramm ersichtlich. Die übrigen Lampen leuchten konstant.**

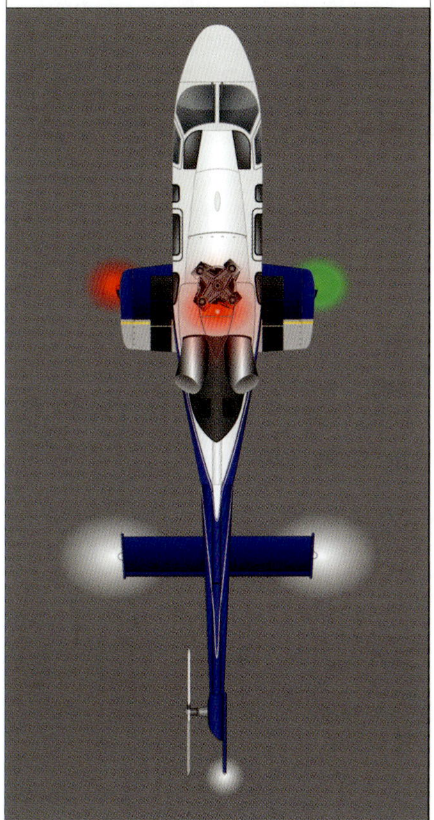

3 **Darstellung der Blinkfolgen von ACLs (oben) und Strobe Lights (unten). Diese Blinkfolgen können mit dem abgebildeten Programm und unserer vorgestellten Beleuchtungsanlage erzeugt werden.**

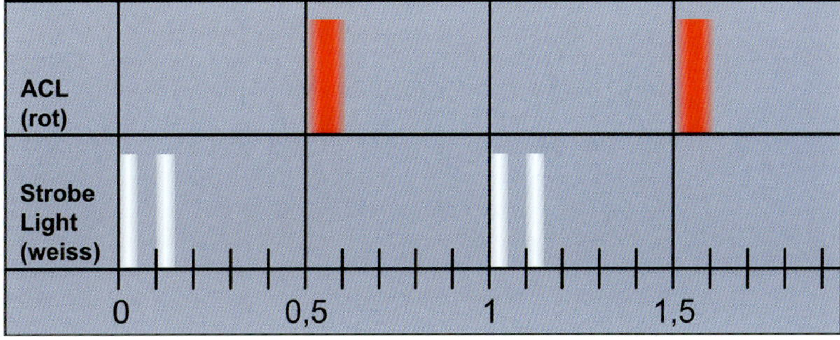

```
int ACL1 = 4;                          // Pin-Nr. oberes Anti Collision Light (ACL)
int ACL2 = 8;                          // Pin-Nr. unteres Anti Collision Light (ACL)
int SL1 = 5;                           // Pin-Nr. linkes Strobe Light (SL)
int SL2 = 7;                           // Pin-Nr. rechtes Strobe Light (SL)

const int Sequenz = 1000;              // Dauer einer kpl. Beleuchtungssequenz (hier: 1 Sek.)
unsigned long Zeit_merken = 0;         // Variable zum Merken der bereits vergangenen Zeit
unsigned long Differenz = 0;           // Variable für Differenz zwischen laufender Zeit
                                       // und gemerkter Zeit (zwischen 0 und 1 Sek.)

void setup() {
  pinMode(ACL1, OUTPUT);
  pinMode(ACL2, OUTPUT);
  pinMode(SL1, OUTPUT);
  pinMode(SL2, OUTPUT);
}

void loop() {
  Differenz = millis() - Zeit_merken;  // Differenz aus laufender Zeit und gemerkter Zeit
  if (Differenz > Sequenz) {           // nach jeder Sequenz (also 1Sek.)
  Zeit_merken = millis();              // die vergangene Zeit merken
  }
  if (Differenz < 50) {
  digitalWrite(SL1, HIGH);
  digitalWrite(SL2, HIGH);
  }
  else if (Differenz < 100) {
  digitalWrite(SL1, LOW);
  digitalWrite(SL2, LOW);
  }
  else if (Differenz < 150) {
  digitalWrite(SL1, HIGH);
  digitalWrite(SL2, HIGH);
  }
  else if (Differenz < 200) {
  digitalWrite(SL1, LOW);
  digitalWrite(SL2, LOW);
  }
  else if (Differenz < 600) { }
  else if (Differenz < 700) {
  digitalWrite(ACL1, HIGH);
  digitalWrite(ACL2, HIGH);
  }
  else if (Differenz < 800) {
  digitalWrite(ACL1, LOW);
  digitalWrite(ACL2, LOW);
  }
}
```

4 Unser Programm zur Steuerung einer vorbildähnlichen Hubschrauberbeleuchtung. Die //-Kommentare dienen zur Erläuterung und müssen nicht übernommen werden.

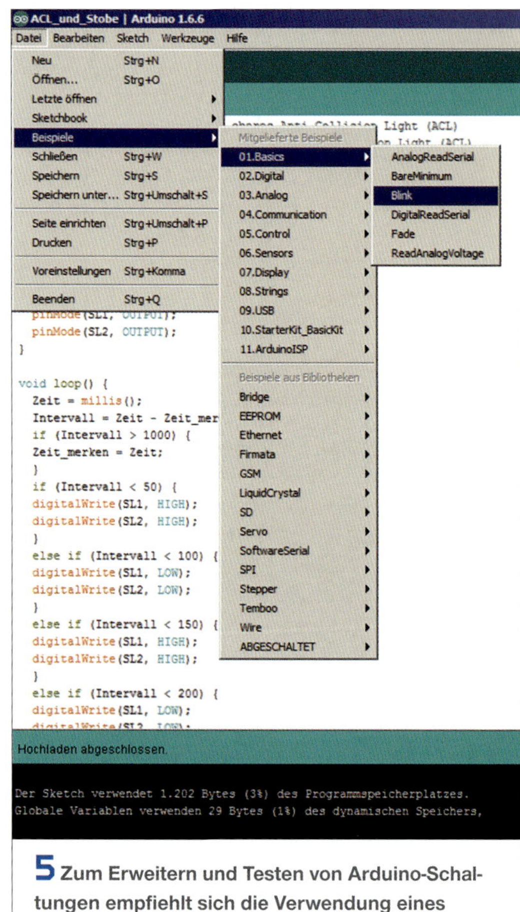

5 Zum Erweitern und Testen von Arduino-Schaltungen empfiehlt sich die Verwendung eines sogenannten Breadboards. Damit lassen sich mit wenigen Handgriffen viele interessante Schaltungen aufbauen.

blinkendes ACL vorgeschrieben, wobei die Blinkrate zwischen 40 und 100 Lichtimpulsen pro Minute liegen muss. Falls ein zweites ACL montiert ist, darf die gemeinsam wahrnehmbare (also nicht synchronisierte) Blinkrate maximal 180 Impulse pro Minute betragen.

Da Untersuchungen gezeigt haben, dass weißes Licht in der Dunkelheit wesentlich besser erkennbar ist als Rotlicht, sind in Ergänzung zu den vorgeschriebenen roten ACLs auch weiße Blitzlichter, so genannte Strobe Lights, erlaubt. Bei einem typischen Zivilhubschrauber besteht die Beleuchtung somit aus einem roten ACL an exponierter Stelle, also beispielsweise auf der Triebwerksabdeckung oder der Heckfinne, sowie optional an der Rumpfunterseite. Zusätzlich wird oft noch je ein weißes Strobe Light an den horizontalen Stabilisatoren oder an jeder Rumpfseite montiert. Dazu kommen noch die bekannten Positionsleuchten mit rotem, grünem und weißem Dauerlicht, auf die wir hier nicht weiter eingehen möchten.

Blinken ohne delay()

Bei der Erweiterung unserer Beleuchtungsschaltung aus Teil 1 werden die beiden zusätzlichen weißen High-Power-LEDs mit entsprechenden Vorwiderständen (siehe hierzu auch Teil 1) über den Treiberbaustein mit den Arduino-Ausgängen 5 und 7 verbunden. Beim Betrieb der Beleuchtungsschaltung an einem 2s LiPo (7,4 V) betragen die Vorwiderstände für weiße High-Power-LEDs (3,5 V) 12 Ohm.

Im ersten Teil unseres Workshops haben wir die Blinksequenzen der beiden roten ACLs mit Hilfe des delay()-Befehls gesteuert. Diese Methode hat aber einen entscheidenden Nachteil: Während der Ausführung von delay() wird der Programmablauf komplett angehalten und kann während dieser Zeit keine anderen Aufgaben ausführen, wie beispielsweise die Steuerung einer zweiten Blinksequenz oder dem Abfragen eines RC-Signals.

Bei unserem hier vorgestellten Programm verzichten wir auf den bremsenden delay()-Befehl und verwenden stattdessen die Funktion millis(). Diese Funktion liefert die vergangene Zeit seit dem Programmstart in Millisekunden. Wenn man sich die fortlaufende Zeit nach dem Ablauf einer vollständigen Leuchtsequenz (in unserem Beispiel 1.000 Millisekunden) in einer Variable merkt, kann man diese gemerkte Zeit ständig von der weiterhin fortlaufenden Zeit abziehen und erhält dabei eine Differenz, die von Null beginnend schrittweise hochzählt. Nach dem erneuten Ablauf der Leuchtsequenz (also 1.000 Millisekunden) wird die vergangene Zeit wieder in die Variable Zeit_merken übertragen und das Spiel beginnt erneut. Der Differenzwert bewegt sich dabei immer zwischen 0 und 1.000 (Millisekunden).

»Das konkrete Ergebnis unseres zweiteiligen Workshops ist eine einfache, aber vorbildgerechte Beleuchtungsanlage, die sich mit relativ wenig Aufwand preiswert realisieren lässt.«

Programmbeschreibung

Der grün hinterlegte Block in unserem Programm (Bild 5) ist der Definitionsbereich. Hier stehen die Variablen mit den Anschlussnummern für unsere beiden roten ACLs und die weißen Strobe Lights sowie die neu eingeführten Variablen für die Steuerung der Leuchtsequenz. Der blau hinterlegte Abschnitt beinhaltet wieder die Initialisierung, die ja bekanntlich nur einmal ausgeführt wird, wobei hier die insgesamt vier Ausgänge zum Anschluss der High-Power-LEDs definiert werden. Der gelbe Bereich markiert den ersten Teil unseres Hauptprogramms, wo zunächst die Differenz aus vergangener Zeit und gemerkter Zeit errechnet und in der Variablen Differenz abgelegt wird. Wie zuvor schon erwähnt, wird dieser Vorgang bei jedem Durchlaufen des Hauptprogramms wiederholt, und zwar so lange, bis der Wert der Variablen Differenz größer als 1.000 Millisekunden geworden ist. Der pinkfarbene Bereich beinhaltet die Steuerung unserer insgesamt vier High-Power-LEDs. Die Beleuchtungssequenz beginnt, wie in unserem Diagramm (Bild 4) dargestellt, mit den beiden Strobe Lights SL1 und SL2 – dann folgen die beiden roten ACL.

Eine Besonderheit bei der Steuerung der Beleuchtungssequenz stellt die Anweisung else if (Differenz < 600) {} dar. Sie macht zwar gar nichts, überbrückt dabei aber die etwas längere Zeitspanne zwischen dem Leuchten der Strobe Lights und der ACL.

Ausblick

Das konkrete Ergebnis unseres zweiteiligen Workshops ist eine einfache, aber vorbildgerechte Beleuchtungsanlage, die sich mit relativ wenig Aufwand preiswert realisieren lässt. Wer hierbei Lust bekommen hat, sich tiefer in die Materie Arduino-Programmierung einzuarbeiten, kann die vorliegende Schaltung nach eigenem Ermessen um weitere drei Leuchten erweitern.

Denkbar wäre beispielsweise das ferngesteuerte Ein- und Ausschalten eines Landescheinwerfers, der bei Bedarf sogar mittels Servo ein- und ausgeschwenkt werden kann. Für solche Funktionen stehen am Arduino-Board auch Eingänge zur Verfügung, die man mit dem Fernsteuerempfänger verbinden kann. Zur galvanischen Trennung von RC- und Beleuchtungsstromkreis sollten hierbei möglichst Optokoppler verwendet werden.

Darüber hinaus sind die meisten Ausgänge der Arduino (kompatiblen)-Boards auch zur Pulsbreitenmodulation (PWM) fähig, so dass sich damit auch LEDs dimmen oder – wie bereits erwähnt – Servos ansteuern lassen. Im Internet finden sich zahlreiche Hinweise und Anregungen zu diesen Möglichkeiten und bieten ein reiches Betätigungsfeld. •

6 Die Arduino-Entwicklungsumgebung bietet zahlreiche, fertige Programmbeispiele, die als Anregung für eigene Anwendungen im Funktionsmodellbau dienen können.

UNITED STATES ARM
16242